U0592742

创造力和设计力

数字化转型如何重塑时尚产业和高等教育

[意] 保拉·贝托拉 (Paola Bertola)
[意] 玛齐亚·莫塔蒂 (Marzia Mortati)　　著
[意] 安吉莉卡·万迪 (Angelica Vandi)

宋晓薇　译

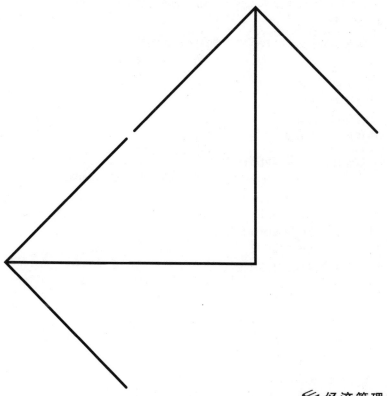

经济管理出版社
ECONOMY & MANAGEMENT PUBLISHING HOUSE

北京市版权局著作权登记：图字：01-2023-3210

Future Capabilities for Creativity and Design

原书 ISBN：978-88-7461-556-8

© Mandragora 2020 All rights reserved

The simplified Chinese translation rights arranged through Rightol Media（本书中文简体版权经由锐拓传媒取得 Email：copyright@ rightol. com）

图书在版编目（CIP）数据

未来能力：创造力和设计力/（意）保拉·贝托拉（Paola Bertola）等著；宋晓薇译 .—北京：经济管理出版社，2022. 12

ISBN 978-7-5096-8910-3

Ⅰ.①未… Ⅱ.①保… ②宋… Ⅲ.①创造能力—通俗读物 Ⅳ.①G305-49

中国版本图书馆 CIP 数据核字（2022）第 253807 号

组稿编辑：张馨予
责任编辑：张馨予
责任印制：黄章平
责任校对：王淑卿

出版发行：经济管理出版社
　　　　　（北京市海淀区北蜂窝 8 号中雅大厦 A 座 11 层　100038）
网　　址：www. E-mp. com. cn
电　　话：（010）51915602
印　　刷：唐山玺诚印务有限公司
经　　销：新华书店
开　　本：880mm×1230mm/32
印　　张：7. 25
字　　数：153 千字
版　　次：2023 年 7 月第 1 版　　2023 年 7 月第 1 次印刷
书　　号：ISBN 978-7-5096-8910-3
定　　价：68. 00 元

致　谢

我们要感谢创意欧洲计划（call for propositions connect/2017/3346110）为本书的"DigiMooD for CCIs——文化和创意产业数字教学模块"（GA n. LC 00793005）项目提供资金，还要感谢 DigiMooD 联盟的所有合作伙伴以及参与该项目的公司和初创企业所做的工作。

特别值得一提的是米兰理工大学的"创新教学和学习工作组"，该工作组负责制定慕课录制的指导方针。

最后，我们感谢参与本书内容开发的所有作者和受访者，他们的支持使我们拓宽了理解框架，我们始于 DigiMooD 的规划，并在其框架上加以拓展。

DigiMooD 联盟

现代时尚

本书提出了对时尚体系的当代解读，尤其体现了该领域的创意和设计过程，旨在收集研究和批判性解读的结论，这些结论并非依照传统，仅仅将创意过程视作对纯粹的风格或文本上的认知，而是将其置于复杂的体系和组织机制内予以全面考虑，并通过多学科交叉的方法描述其本质。

科学委员会

乔安妮·阿布克尔（Joanne Arbuckle）——纽约时装学院，美国

桑迪·布莱克（Sandy Black）——伦敦时装学院·伦敦艺术大学，英国

帕特里齐亚·卡莱法托（Patrizia Calefato）——巴里大学，意大利

恩里科·西埃塔（Enrico Cietta）——Diomedea创意咨询机构，意大利

丹尼尔·克卢蒂尔（Danièle Clutier）——法国时装学院，法国

乔纳斯·拉尔森（Jonas Larsson）——布罗斯大学，瑞典

尤金妮娅·保利切利（Eugenia Paulicelli）——纽约市立大学皇后学院，美国

利亚·佩雷斯（Leah Perez）——申卡尔设计与工程学院，以色列

皮雷特·普巴特（Piret Puppart）——爱沙尼亚艺术学院，

爱沙尼亚

　　乔治·列洛（Giorgio Riello）——华威大学，英国

　　弗朗西斯卡·罗曼娜·利纳尔迪（Francesca Romana Rinaldi）——博科尼大学，意大利

　　西蒙娜·塞格雷·赖纳赫（Simona Segre Reinach）——博洛尼亚大学，意大利

　　陈芊瑞（Jeanne Tan）——香港理工大学，中国香港

　　萨尔沃·特斯塔（Salvo Testa）——博科尼大学，意大利

前　言

加强文化创意产业（CCIs）教育的数字化转型：疫情前后的情景

罗伯托·维奥拉（Roberto Viola）、露西娅·雷卡尔德（Lucia Recalde）

欧盟执委会网通资讯总署（Dg Connect）、欧洲委员会（European Commission）

　　数字教育从未像现在这样，在教育工作者与学生、政治家、创始机构之间的讨论中占据如此重要的位置。为阻止新冠肺炎疫情传播与扩散，采取封控措施，面对面的课堂互动式学习被迫退居为次要教学模式，从而为教师和他们远程教学的数字化互动留出了发展空间。在整个欧洲，网上授课遍布教育参与的各个教学层面，短短几个月里，数字教育已经从一种激发学习兴趣的替代方式转变为不可或缺的教学手段。

　　幸运的是，欧洲处于适应这种相对新型学习方式的有利位置，几乎无处不在的数字化设备、高速的互联网连接和快速的政策响应使我们顺利进入了一个纯粹的数字化空间。

　　DigiMooD 是教育数字化转型的示范领跑者，该联盟通过

未来能力：创造力和设计力

DigiMood，甚至在疫情之前就为下一个教育数字化十年做好了准备。米兰理工大学（PoliMi）和法国时装学院（IFM）并不是简单地将它们的课程讲授方式数字化，而是充分利用物理和数字的教学方法重新设计了整个学习模式。在第 4 章中，可以看到有关项目输出、方法和大规模开放在线课程（慕课）工具包的更多信息，简而言之，DigiMooD 的目标是：

● 使艺术专业的学生在创意、商业和技术方面具备跨文化、跨创意领域、跨学科思考以及工作所需知识和核心内容的融会贯通能力。

● 通过将创造力、商业和技术联系起来，提高艺术和人文学科教与学的质量及其相关性。

● 在学生和教职员工中培养创新创业文化。

● 通过整合创新教育、数字教育和创业教育，促进学科内和学科间的创新学习环境。

通过本书，该联盟能够重新思考下一代文化和创意产业专业人员的学习模式和所需技能。如果人们感觉数字化在过去几十年里发展迅速，那么这场危机已经让它变得更加强大了。

文化和创意产业是受疫情全面封控管理影响最严重的产业之一，这场危机揭示了这些产业的脆弱性和较强适应性。与其他行业相比，文化创意产业（CCIs）中的小企业和自由职业者比例较高。例如，这使许多人被排除在国家就业保护计划之外。然而，创造性地解决问题和持续性发展是这些行业的核心所在，许多人能够利用他们所掌握的核心技能抵御"最恶劣的风暴"。

在这个持续和终身学习变得越来越重要的时代，无论是文化创意产业还是其他领域，大学和慕课都发挥了至关重要的作用，在预防技能缺失的学习生态系统中，大学一直处于独特的位置。现在，建立和维持一支适应未来数字十年的、充满活力的专业队伍的任务变得更为复杂。第 5 章探讨了时尚生态系统不断变化的格局和数字化转型，以及其对传统公司和初创企业的影响。

　　在新冠肺炎疫情暴发之前，一些数字工具和程序就已被开发出来并得到了应用，这使社会和企业的工作更加高效。在疫情防控期间，这些工具成为我们生活的核心，也是我们工作持续性的基础，许多人不得不在家中积极学习和使用新工具。在撰写本书时，我们仍在耐心等待疫情后的世界，我们希望不久的将来，呈现出许多人期待的一种"新常态"，从 DigiMooD 中可以学到的不只是简单地将过去数字化，而是重新构想未来，在未来我们将充分利用物理和数字世界来创造我们的新常态。

目　录

第三部分 / 145

CCIs 和教育的未来发展前景

引　论

概述数字化转型对劳动力和教育的影响：
迈向新的创新能力和学习路径

玛齐亚·莫塔蒂 (Marzia Mortati)

米兰理工大学设计部

　　数字化转型正在以多种方式影响着劳动力市场。正如布林约尔松和麦卡菲（Brynjolfsson and McAfee，2011）所说，在过去的十年中，数字化已使许多模拟过程自动化，极大改变了公司管理信息、数据、生产、销售和其他相关流程的方式。目前，物联网、虚拟和增强现实、人工智能、区块链等新的颠覆性技术正在对制造流程以及员工执行工作和任务的方式产生影响。例如，这些技术使公司可以利用更少的人力资源来处理以前由许多人和不同部门共同实施的复杂流程，从而能最大限度地提高流程的效率（Cautela et al.，2018）。根据 Carl Frey and Osborne Michael（2013）有关计算机化对 702 种职业影响的研究分析结果以及许多后续相关报告（Fey and Osborne，2015；Euopean Ecoromic and Social Committee，2017），这种不断发展的新型技术模式将使美国 47% 的现有就业领域面临风险，使许多现有职业类型在一两年内过时淘汰。尽管这一趋势会使有些相关职业领域岗位过剩，但是它也将产生需要全新职业能力和技能的新型工作（弗斯特和埃莉芙特丽娅，2013），这些能力和技能将越来越多地集中于需要高水平人类思维能力的非常规工作，如创造性工作（多恩，2010）。正如许多专业人士所强调的那样，如解决问题、创造性思维、协作和批判性思维等特定的人类技能理所当然地被列为未来工作所需的最重要技能（世界经济论坛，2016）。然而，预计这些新型工作不会带来大量的岗位空缺，相反将会引起失业率增加的现象："欧盟劳动力市场数字技能"报告［欧洲议会（EP），2017］预测，因劳动者缺乏数字专业能力，欧洲的失业率将成倍增长，信息和通信技术产业（ICT）领域的岗位空缺也将增加，这是因为欧洲劳动力几乎或根本没有岗位所需的数字技能。此外该报告以之前的文件"欧洲新技能议程"［欧盟共同体（EC），2016］为基础，提出了对新培训流程如何有助于弥合这一差距的思考。

在这种动态的社会文化转型背景下，大学的作用也在发生变化：学术机构是更大生态系统中心一部分，代表着传统上创造和传播知识以提升产业和区域发展，吸引全球人才，促进经济繁荣的重要枢纽（莫雷蒂，2013）。它们在数字时代面临的主要挑战与更新传统教育路径所提供的知识内容，以及用于向新一代提供培训和教育的方法、工具和渠道高度相关，新一代需要在学习地点、方法和时间上有更大的灵活性（安东涅蒂等，2018）。同时，由于新冠肺炎疫情的暴发，更灵活的教学模式所面临的挑战也呈指数式增长，由于疫情封控，世界各地的教育工作者和研究人员更为迫切地探索远程学习，也为远程教育的发展和推广奠定了基础。

　　一方面，这可能决定了教育数字化工具的积极普及。另一方面，也表明许多教育工作者和学生缺乏适当的准备，尤其是在培养创意人才和设计师方面，课程严重依赖项目式的学习和工作室课程，缺乏个人互动，包括同学之间偶然的知识分享，这些情况往往造成大学课程的教学效果较差。

　　因此，目前大学教育在培养未来创新人才和设计师方面所面临的问题包括：哪些是最合适的教育方法和渠道？目前和不久的将来需要什么样的工作模式？如何将其转化为教育课程？如何通过更灵活和数字化的教育路径来构建新课程体系？

　　探索这些问题的就包括混合学习、线上和线下互动等方法，来尝试使用新技术进行学习的一种路径（威廉姆斯，2002；希克斯，2001）。进入 21 世纪以来，这些有助于灵活学习的数字方法和工具得到了开发和试验，并借助于数字平台（即网络课程）而不断发展，这些平台不仅广泛传播了慕课（Massive Open Online Courses，MOOC）这类新的在线学习工具的理念，而且通过信誉度较高的国际机构的认可和支持，极大地提高了其声誉和有效性。

　　然而，回答这些问题需要大学不仅局限于开发和使用数字工具，还应探索新的教学方法、新的交互学习模式以及相关的能力。DigiMooD 的研究可以被认为是进行这种反思的初步尝试，即聘请了多学科专家团队通过直接的现场实验和共同设计，为培养未来的数字创意专业人员提出并检验一套新的课程体系。这既着眼于数字工具在当前学习路径中的整合，也关注具有数字意识和创新理念的企业家的基本能力。传统公司和初创企业也参与了相关的课程体系、教育模块和数字学习工具的开发与研究，为这项工作提供了一个切实可行的方案，现已一切就绪，该方案将在米兰理工大学和法国时装学院未来入学就读的学生群体中实施。

结果表明，培养年轻人，使其为进入就业市场做好准备从未如此未知，这不仅是因为不能确定他们的公司在疫情之后是否还会继续存在，而且还因为开发制定的"面向明天"的能力培养框架方案目前也是一个太不确定的问题。我们还不知道疫情后的情形，因为我们不知道人们对公司和教育机构的期望和要求是什么，也不知道他们将如何重新安排自己的生活，并是否决定从事数字和模拟领域的相关工作。然而，这就为创新留下了巨大的发展空间和机会，大学就像任何其他社会经济机构部门一样，需要抓住这些机会来实现自身的发展。

DigiMooD 代表了大学摆脱目前窘困境况而急需的一种实验模式，同时也响应学生日益增长的需求，即获得实习凭证，真正使他们为应对不确定性和复杂性做好准备。因此，我们希望通过提供这种教学实验模式，使其可以成为促使他人效仿实施的一种方法，同时也为未来有关创新实践和能力培养的国际讨论做出贡献。

本书概要

本书对这一情境进行了探索和讨论，特别强调了通过一个为期 28 个月的欧洲联合资助项目"DigiMooD for CCIs——文化和创意产业数字教学模块"所获的经验。

本书分为三个部分：

第一部分涵盖了三个主要反思领域的理论探索。

一是涉及大学角色的变化，即知识生成的新机制、公司和组织的新布局、人们新的数字生活方式，需要更新教育和教学方法。此外，这与时尚行业数字化转型的影响有关，并且一直是该项目的一个特别关注的重点。

二是更具体地关注设计师的教育（作为一种特定类型的创意专业人士）并描述其发展需求。从对其历史根源的理解出发，20世纪设计教育的遗产被置于批判性的角度，并被重新构建为社会技术系统的新兴逻辑和数据在创意工作中的中心地位。

三是创意实践中数字化实施被转变到能力框架的建议，该框架着眼于三个领域：创意、商业和技术。在本书的第3章中，详细描述了这两个方面，这既是创意人员和公司关注的领域，也是其需要获得的更精准的能力。

第二部分介绍了DigiMooD的经验，这是一个由欧盟委员会2018~2020年共同资助并由六个合作伙伴运行的研究项目。该项目专注于跨学科的"创意产业的数字创业"（CCI）的教育方法，专门对未来时尚设计师的教育进行试验，从公司的品牌和叙事策略到数字服务模式，来教授他们应对不同领域新数字维度的技能和能力。在此过程中，该项目旨在为学生提供在时尚公司内跨专业思考和工作所需的知识，同时通过混合交付方法测试和试验创新学习环境的发展，包括结合慕课、实地项目和实习。

第三部分回顾了创意职业和相关教育模式，展望了研究涉及的一些主题的前瞻性发展。它着眼于新的教学工具以及设计师和创意人员在他们的教育和投资组合中引入与数字制造、数字叙事和数据分析/可视化相关的能力的影响。

本书对未来的教学法和数字专业实践进行了总结，这些可能在不久的将来成为设计和创造力的特征。

目标读者

本书主要面向有兴趣在传统设计课程中尝试混合学习策略和工具的设计教育者、实践者和研究人员。此外，与教育政策有关的机构可能对本书的内容以及所介绍的项目的成果感兴趣；特别是，预见和实现数字化学习的意义是有价值的，既有助于理解在一开始就为这项创新进行规划所需的投资，也有助于就其优点和局限性得出结论。

第一部分

创造力和设计力:
转型进行时

1

数字时代的设计知识

玛齐亚·莫塔蒂(Marzia Mortati)
米兰理工大学设计部

1.1 数字化正在改变设计及其教育的基本原则

数字化正在改变我们。事实上，我们正在经历一场深刻的变革，一场所谓的范式转变，这种转变因我们这个时代特有的现象（环境危机、健康危机、人类世的划分）而加速并变得不可避免。从大众媒体到更专业化和科学化的传播媒介，我们正在经历一次具有划时代发展步伐的改变，与这一观点产生共鸣的还有复杂性、复原力、人性等认知观念。

这是一个如此广泛而普遍的讨论，以至于它让我们停止思考并转而意识到这样一个事实：如果我们已经处于这一转变期，继续做我们一直所做的事情，那么我们迟早会面临一个新的现实，而我们在此期间可能已经对这一现实习以为常了。因此，我想在本章中更深入地讨论这个话题，更多关注其对创造力及其专业的影响，尤其是对设计师的影响。我特别想探究一个最近的悖论：一方面，创意及其多元性似乎是数字化的内在价值。另一方面，政府战略报告（自欧盟共同体至各国政府，2016）往往坚持认为创意专业人士还没有做好迎接数字化挑战的准备。事实上，似乎还存在着一个重要技能缺失的问题，使得文化和创意产业（CCIs，尤其是更传统的中小企业）无法充分发挥其潜力来应对当前的社会经济挑战。据报道，虽然它们提供了超过 1200 万个全职工作岗位，占欧盟劳动力的 7.5%（欧洲议会，2016），但仍缺乏竞争力和支持。

这种失衡对我来说很有趣，因为我在研究和培训领域从事创意和设计工作已经有 15 年了，我有兴趣简要回顾一下我的

未来能力：创造力和设计力

主要专业研究领域是如何转变的。创意的概念及其在未来职业中的中心地位在今天往往被简单地视为摆脱困境的方法，而对这一困境，无法回答未来的职业将是什么，这些职业的核心技能是什么，我们如何才能最充分地使年轻一代做好准备等问题。

为了回答这些问题，我将讨论几个主题，选择那些讨论较多但鲜有以足够批判性角度来颠覆当前认知现状的领域。

第一个主题是关于传统上与设计相关的教学模式，这些教学模式仍然是 20 世纪先锋派的直接派生模式，反映了包豪斯时代出现的艺术、社会和文化信仰。从第一次工业革命的角度来看，这些无疑是 20 世纪最具变革性的教学模式，它们为培养设计师建立了一个精准的范式，如今仍为大多数艺术和设计类学校效仿使用。

然而，数字革命对其中的许多原则提出了质疑，尽管只有少数学者能够对这些原则提出中肯和令人信服的批评。该模型可概括为以下几个关键遗留领域：

● 形式、功能和过程之间的迭代原则，以实现完整、近乎完美的最终结果；

● 设计主要是一种解决问题的活动的观念；

● 设计师培训是一个必须从解决简单（或简化）问题到解决更复杂问题的过程，且最初也要考虑到背景和相关人员；

● 对设计专业学生的专业评估，传统上是根据设计手法、作品外观和工艺水平。

上述原则中的每一项都应该或必须根据某些观察结果加以重新讨论和认识：

- 一件人工制品的近乎完美的属性不再是设计人工制品的兴趣值。相反，拥有无限选择和多重现实的数字世界更倾向于"现在就足够好"的理念，因为实际上可以对每一件人工制品或体验提出数百万个替代版本。

- 解决问题已不再是设计师能从事的最有趣的活动。事实上，在一个不确定的世界中，首先要确定哪些问题值得探索：其中一半是所谓的全球问题或可持续发展目标，规模太大而无法由某一专业人员或公司解决，而另一半则与太过具体和局部的行为有关。于是，寻找问题就成为需要培养的新态度或技能之一，这需要新的标准和方法来识别可能的和更可取的解决方案。

- 如果我们想让培训与现实相结合，并给予学生实践的机会，那么孤立、抽象和简化问题就不再有用了。同样，一种将人们置身于设计过程之外的模式也不能再被复制：数字技术也表明了集体智慧的重要性，共同创造必须成为设计师培训的基础实践。

- 今天的设计不再仅提供有形（人工制品）或无形（服务/系统）产品；介入领域已经扩大，以至于在传统的设计学校中很难找到空间来教授设计师所关心的一切（从传统到数字化再到智能产品，从私营公司提供的传统服务到公共服务，再到数字和混合服务等）。因此，仅从最终绩效和产出角度对这类学习进行评估过于简单，应该从设计过程到最终产品输出提供的经验出发，彻底重新考量并予以评估。

本章将更详细地讨论这些考量因素，以便重新探讨其基础原则，并对目前用于培训设计师的主导模式进行清晰的回顾和反思。

如果设计内容的本质在其物化和使用模式（数字与模拟）、复杂程度（从物质产品到社会技术系统）以及实质（数据的重要性和数据的性质）上发生变化，那么设计师应如何做好准备以应对这些新内容？

这就是我将在本章中尝试解决的问题，探索我们所生活的世界的主要社会经济特征，然后联系这些要素对当今设计师所学技能进行批判性分析。

1.2　设计项目性质的变化

亚历山德罗·巴里克（Alessandro Baricco，2018）在研究数字化转型对社会的影响时指出，数字化转型的到来决定了一场革命，他反对 20 世纪的社会学特征。他认为这场革命有一些主要特点，其中就包括在社会和商业关系中取消调解（即专家的作用）、创造一个在其中生活并可以超越物理现实的新的数字层、游戏作为生活的首选隐喻的偏好、选择动态而非静态（20 世纪的主要特征之一）作为生活的总体价值，这类似于多任务同时处理。

如果我们遵循巴里克的分析，那么，这些转变会对设计师产生巨大的影响：设计师开发的所有对象、服务、系统和体验也将在新的数字模拟世界中发生转变，获得动态性、去中介化和游戏化的新特征。

尽管如此，大多数设计师仍然依赖于工业化大规模生产的模式以及使用和开发具有较长生命周期的产品和技术。这种旧的逻辑是由标准化、通用化、规模经济驱动的，旨在设计出完美、静态和持久的产品。自 20 世纪 90 年代末起，一种与长尾商品（安德森，2008）、无限选择、短生命周期和量身定制的大众产品相关的新逻辑出现。用以解释这种转变的最好例证之一就是在全球范围内推出的，引发这一趋势的一种产品，即第一款 iPhone。在第一款机型发布之际，史蒂夫·乔布斯向世界展示了一场真正的革命，催生了智能手机的全新概念。事实上，第一部 iPhone 已不再是人们完成特定任务所依赖的功能性对象，就像它的前身（黑莓手机）那样，它已成为人类存在的延伸，并有助于无论是发生在物理世界还是数字世界的任何活动。例如，它通过拍照帮助收集、保存和展示生活中的记忆（随着时间的推移，它甚至比用数码相机拍摄的照片更好）。同时，它不断通过电子邮件和网站将人们联系起来。iPhone 改变的不仅是人们的习惯，还提出了一种全新的生活方式，这种生活方式具有其特有的优雅和魅力，并吸引了数百万人去尝试。作为一种实物，它开启了"优雅手势"的时代，简化了人与其辅助机器设备之间的关系，以保持与多种现实（在本例中为智能手机）的联系，并将自身作为物理世界与数字世界对话的象征。物品开始被视为人们实现目标的桥梁或平台，从较普通的物品（买一双新鞋）到较私人的物品（收集和保存所有家庭记忆）。

最终，iPhone 成为许多人人生中的第一台智能机，从而在个人计算机失败的地方取得了成功。事实上，iPhone 更易于使用、更有趣，也更便宜且更便携（更小更轻）。通过 iPhone，物理对象成为物理世界和数字世界之间架起的一座优雅的桥梁，它们的特征、功能和能力不断演变，因此其发展过程将无法真正完成。

有了这座桥梁，将服务非物质化而进入数字化：从社交关系到娱乐、音乐、电影等，整个体验都迅速进入数字层，从而宣告了一个时代和一种生活方式的终结，进入巴里克（Baricco）所谓的游戏化（2018）。

鉴于此，设计作为一门研发这些对象和体验的学科，其基本逻辑被西蒙（Simon，1969）称之为人工科学，需要广泛更新。

事实上，深入分析这件事，其改变的不仅是项目的对象（物理产品和物理与数字之间连接的优雅姿态），还有西蒙（Simon）著作标题中人工的更深层次的含义：就这位作者而言，如果设计是一个创造符合科学和工程原理的复杂形式和概念的过程，那么他从未质疑它与第一次工业革命的大规模生产逻辑之间的联系。如今，"人工"一词的含义远远超越了与工业生产相关的产品和服务的范围。参考休·杜伯里（Hugh Dubberly，2014）提供的解释来构建这种新含义可能很有用（见图1-1）。他描述了设计的演变，从关注人工制品（处理对象、空间及其传达的信息）到交互设计，从而开始融入以用户为中心的原则（在设计人员和接受设计的人之间建立了一种不对称的关系），以及定义设计过程、工具和性能。今天，设计处理对话，因为它与为其提供解决方案的人对话，它提供服务和平台作为实现个人目标的工具，它开发产品—服务系统，作为两者（数字和物理）之间的桥梁，它与相关领域合作，关注转型及其社会政治影响。

鉴于此，设计教育者和从业者已经迫不及待地需要开始一段旅程，引导整个相关领域更新其原则，弥合教育与实践之间的鸿沟。

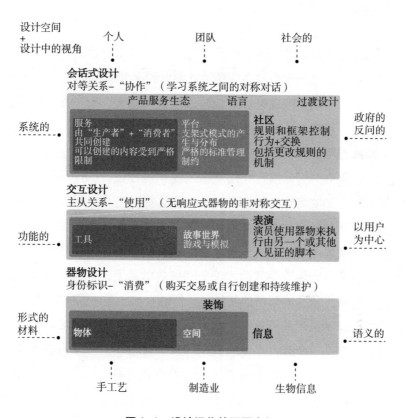

图 1-1 设计运作的不同空间

资料来源：杜伯里（Dubberly，2014）。

1.3 设计知识变革的基础：社会技术的复杂性与数据的中心性

综上所述，可以确定影响设计项目性质变化的两条主要轨迹，这可能作为重新解决学校设计能力和课程的起点。

第一条轨迹涉及设计社会技术系统的需要，而不是那些脱离对人、组织、活动以及技术相关网络的更广泛理解的单一性对象或过程。

如果一方面能够在专门从事系统和流程设计的学科中认识到方法，如服务设计和交互设计；那么另一方面也就有可能认识到对情境社会技术系统设计的新的重点。从本质上讲，这意味着开发能够同时作用于技术系统的解决方案，即由于新技术和社会系统而导致的活动、任务和绩效的转变，也意味着来自相关领域、机构或网络的新能力、价值观和实践的发展与提高，可以使设计的产品更具有影响力。将社会技术方法与设计相结合，本身并不新鲜：学者们长期以来一直强调定位项目的重要性（萨奇曼，1987）以及将技术性能与环境需求相结合的必要性（帕帕内克，1972；马戈林，1989）。然而，专家提出的这些原则很少能在教育中占有一席之地，设计理念通常享有很高的话语权。相反地，情境性和共创的原则现在需要被广泛推广，使源自 20 世纪西方文化模式的主导方法非殖民化，并学习在技术之间转换设计师的角色、与设计形态和功能以及问题框架相联系的更传统的方法和社会学角色。根据这一原则，项目位于特定环境中，与对某一情况的现象学理解以及相关领域或组织机构的实际支持相联系，由此产生的系统将是社会技术系统，学习平台和工具即为典型例证，这些平台和工具出现在设计师和人们之间共同发展的道路上，旨在共同确定如何同时满足社会和技术转型需求。

　　第二条轨迹涉及数据的性质和重要性，数据是讨论、行动和创新发展的新内容之一。就这一话题，"数据就是新的石油"这句话经常作为一句具有误导性的简单口头禅引起共鸣。无论是在《纽约时报》《经济学人》还是《连线》杂志上，石油开采的狂野，以及对储藏资源的开发，似乎都是数据及其货币化日益增长的一个很好的隐喻。然而，数据有别于石油。要想利用数据，就需要由专家来审视：鉴于当前由移动应用程序、传感器、社交网络、网站和其他追踪人们行为模式的渠道所提供的丰富的数据存在，能够阅读数据因此就成为创新的关键之一。为此，开发了算法以分析数量不断增加的、被称之为"大数据"的数据资料（边际成本低且具有统计学意义的数据）。智能数据处理是人工智能应用于分析用户和市场趋势的一个例子，植入许多不同来源的数据（即产品的使用、城市交通、数字服务的使用、社交网络的使用等），从而使人类体验成为一种免费的原材料，可以作为行为数据进行转化和销售。这一趋势可能与设计师传统意义上采用并强调的用户研究和现场观察并作为其特点之一的方式相反，设计师通过同理心和收集现场定性数据，提出具有独创性特征并富有见地的观点以指导创新（多斯特，2011）。在民族志中，这种类型的数据也被称为厚数据或"无法量化的人类宝贵数据"（Wang，2017；格尔茨，1973），因对特定行为背后源自对隐性和无意行为更深层原因的理解而丰富了这类数据。通常设计师可以借助民族志的观察技术和理论原则，通过研究设计挑战来了解消费驱动因素和模式，旨在展示相关行为及其深层动机；在设计过程中，这些成为灵感，代表了最有希望的创新轨迹。

一方面考虑到大数据对设计的重要性，另一方面考虑到大数据日益增长的相关性和可用性，人们不禁开始考虑设计是否应该将这两种调查方法结合起来。这是设计认知领域的一个最新研究方向，目前还无法给出详尽的答案。如果存在关于设计收集数据并将其转化为理念的方法和逻辑的许多分类的话，（即纳普等于 2016 年综合了以数据操作开始和结束的设计过程；斯蒂克德（Stickdorn）等 2018 年提出了 38 种收集和分析设计使用的数据的方法，重点关注其实际应用性质)，大数据的作用在创意过程的不同阶段似乎并不明确，主要需要与数据科学家合作。那么这里悬而未决的问题就变成了设计师应该在多大程度上处理定量数据。

当然，很难想象设计会超越数据科学领域。事实上，似乎更有希望在这两个领域之间创建一个新的对话桥梁，可以通过融入当前课程的能力（甚至仅仅是情感）而发展，这将使两者的对话成为可能。这可以为年轻设计师提供一个原则指南，以了解这些能力的特异性，以及它们可以在哪些方面如何进行有效的整合。

1.4 教育性质的变化

根据前面段落中概述的变化，运用于设计师教育中的传统原则和能力因素是目前所面临的问题，这一点随着我们对教学内容和教学方式细节的深入探究而变得越来越明显。例如，就给设计师传授一种典型能力而论，瓦尔特·格罗皮乌斯（Walter Gropius，1962）认为，尽管为设计提供科学基础至关重要，但是视觉智能仍然是其关键方面之一。许多学者也有同样的看法，包括霍斯特·里特尔（Horst Rittel，1972）、唐纳德·舍恩（Donald Schön，1983）、奈杰尔·克罗斯（Nigel Cross，2001）、布莱恩·劳森（Bryan Lawson）和多斯特（Dorst，2009）。例如，霍斯特·里特尔认为，设计的最佳行动场所是想象力的世界，创意在这里诞生并被操纵，可以使用概念而不是真实的事物或资源，这种能力作为驾驭现实的一种手段使创建模型成为可能。在可用于制作此类模型的方法中，里特尔列出了草图、透视图和3D绘图、图表、模型，每种都代表了一种可以使创意可视化和形象化以便交流、讨论和进而实现创意的方法。奈杰尔·克罗斯（1982）还赋予了想象力和绘图能力作为解决问题的手段在设计中的特权地位。布莱恩·劳森（2007）认为，设计师积累或发展的许多知识都是通过视觉再现来表达的，这同样也是可以使设计师能够驾驭创意和现实的原因。最后，正如克里斯·琼恩（Chris Jones）所指出的那样，可视化和表现技术非常重要，因为它们为设计师提供了更大的感知跨度，即对实验所引发的问题有了更深入的理解。

因此，视觉智能一直是设计培训的基础。讲授课程强调绘图和表现的重要性，将其作为设计师设想问题解决方案的优先手段，并且对最初的原型设计和创意的物化非常有用。从产品设计中，绘图的传统方式即可看出这一点，这主要与详尽验证对象的形状和功能有关，通常，尤其是在学习的早期，甚至会忽略与使用环境和用户需求、愿望相关的元素。然而，在今天，仅使用绘图和视觉智能已经远远不够，因为使用环境和对象与用户的关系不仅决定了它的特征，而且还决定了它以后的发展变化（例如，考虑一下智能对象，其会话界面根据其与人的交互而演化）。此外，图纸不再只出现在设计过程的后期阶段（即用于初始原型），而是需要成为理解复杂问题领域的能力和工具，即杜伯里框架体系内与转型和产品服务生态相关的那些典型性模糊不清的问题（2014）。因此，绘图的目的和教学方式必须扩展到以下方面建立和映射抽象概念。在这里，需要引入视觉问题搜索的实践，主要教授传达通过图纸的非线性点表达概念的一种推理方法。在此基础上，弗雷泽、亨米和劳森（2007）确认了五种表现形式：参考图、图表、设计图、演示图和概念图，从而确定了设计师将所获信息转换，以建立情境对话的不同方式。这种信息转换行为在视觉智能中同样重要，因为可视化通常意味着理解和转换正在研究的内容，进而以可供选择的解决方案对其进行建模。最后，视觉智能只是一个范例，说明现在必须重新讨论设计教学课程中的基础学科，以适应设计所面临的挑战的新性质。

更进一步地说，这种变化还涉及教学方法。设计教育深深植根于基于工作室的学习，这是一种教学方法，其中教师和学习者之间的面对面关系对于正确获得所教授的技能至关重要。这种方法与师徒传统高度相关，产生于工艺美术，发展于艺术设计学院。在基于工作室的学习中，学生们要经历一段较长的设计过程，包括构思、解决问题、评估和完善他们的设计（Oh et al.，2013)，这一过程也与主要依据最终成果的完整性和艺术魅力进行的设计质量最终评估（与实践水平相关）这一原则相关。这种方法也应加以重新讨论，以探求如何创建一种在最终结果（即不断演变的产品）不确定的情况下仍能令人满意和完整的学习体验过程，并让学生意识到他们在未来职业中的角色和应具备的能力，同时也能真正体验到如今大多数工作中不可避免的跨学科性。

遵循这一思路，唐纳德·诺曼（Donald Norman，2010）也对设计教育提出了批评，他认为，对于承担未来面临的任务，年轻设计师目前所受教育严重不足。在工作中，他们经常需要处理复杂的社会和政治问题，他们需要成为行为科学家，并设计组织结构。

"设计师往往无法理解问题的复杂性和已知的知识深度。他们声称新的角度可以产生新颖的解决方案，但随后他们想知道为什么这些解决方案难以得到实施，或者如果实施了，为什么会失败。新的视角确实可以产生有见地的结果，但视野也必须受过教育且知识渊博。设计师往往缺乏必要的理解……为了超越偶然的成功，设计需要更好的工具和方法、更多的理论、更多的分析技术，以及艺术与科学、技术与人、理论与实践如何可以富有成效地融合在一起。"

然而，重要的是要认识到教学中的这些问题并不是由于设计学校的无视或不愿变革而造成的。事实上，尤其是在过去几年中，欧洲和世界各地的学校在教学方法和教学科目方面都呈现出许多变化。但如前文所述，设计师在获得的能力和工作实践之间仍然存在差距。因此，为培养21世纪的设计师而设置课程是一项非常复杂的任务，仅仅选择要教授的能力以及如何教授他们并不简单，因为设计师往往跨学科工作，因而他们需要的知识可能会因不同的设计项目而不同。正如弗里德曼（Friedman，2012）所指出的，很难为培养设计师的能力或知识领域提供明确的范围。相反，他们需要在所选设计专业方面获得更深入的专业知识，并在思维方法方面接受更广泛的培训，这些方法才能够支持其在应对非常广泛的设计需求时展开设计工作，并提供快速理解主题和分析情况的工具。

1.5　最后的思考

本章我们探讨了当前设计的演变轨迹，将其与当前主流的教育模式和相关能力紧密联系，从而强调了现有的紧迫局面和变革的需求。然而，本章所提出的只是一个概念性的探索，要想取得成效，需要将其纳入辩论的中心并引起决策者的注意。要具体改变设计作为一门学科和专业的命运，行动应该既要从顶层也要从底层开始，承认设计师确实具备组织从新角度看待当前挑战所需的许多能力，只有当设计师也能够从整个设计研究和实践领域发出自己的声音，以解释它可以提供哪些不同且有效的服务，更新锐化和阐明他们的能力以支持像当前这样的深刻转变时，才会产生影响。在这里，新冠肺炎疫情、气候危机和移民等，与其他全球性现象的非线性演化轨迹，可能是应用发散思维、溯因思维和横向思维的巨大挑战，这种数字化驱动的时代可能是最适合设计特点的时代。然而，如果设计师不能理解并抓住这一机会来充分利用它们的特点，他们将永远被那些多年来能够更好地发挥其作用、得到进一步整合强化的学科和专业（如工程和管理）所边缘化。我们都了解这些学科的特点、应用范围和专业目标，由于其自身的内在发展动力学，其应用范围和兴趣将继续领先一步。我预计，事实并非如此，我们作为设计教育者，每年都以极大的关注和热情培养毕业生，使他们的专业能力得到逐渐提升，这也得到了数字革命初期诞生的新一代管理者的支持，因此他们更能把握其发展逻辑和机遇。

2

教育、时尚和数字化转型

保拉·贝托拉（Paola Bertola）
米兰理工大学设计部

2.1 大学、技术变革与设计教育

欧洲大学的发展可以追溯到中世纪，修道院和天主教文化发挥了重要作用，并且普遍关注哲学、神学和人文科学（科恩，1994）。在启蒙时代，随着第一次工业革命的到来，欧洲大学通过学科重组进行了重塑，特别强调科学研究。这些学科的重要性在第二次工业革命开始时不断增强，所有主要的西方国家都致力于创建以技术科学为重点的研究中心和大学（迪蒂和戈齐尼，2009）。这一过程的目标是创建组织结构完整、可进行规范研究、实践的机构，这些机构与当地工业系统密切相关，往往被纳入其建设和资金保障体系。第三次工业革命催生了信息技术，并将其应用于自动化领域，促进了一个改变市场并使生产供应链国际化的全球化进程，从而使西方经济体的转型进程进一步加快。在这一阶段，社会科学方面的学术研究取得了前所未有的进展，具体的研究重心在组织科学和经济学（Wong，1991；弗兰克和加布勒，2006）。这一阶段形成的前瞻性理论，如新古典经济理论和所谓的"内生增长"理论，推动了第三次工业革命的发展，并为经济领域的金融化进程奠定了理论基础（皮凯蒂，2016）。因此，在这一阶段，大学中商学院的崛起达到了顶峰，美国在学术研究方面走到了全球领先地位（贝克，2014）。20世纪末，网络技术和全球互联互通为金融、知识和人员流动的全球化注入了新的力量，从而开启了所谓的第四次工业革命。这个周期发生的时间是以往转型周期时间的一半，其最后一个发展阶段的结果至关重要，反映了金融体系与实体经济的逐步分离。金融危机的爆发（2000，2007）凸显了 20 世纪下半叶发展起来的经济理论和模式的诸多局限性（加里伯蒂，2002；加利诺，2014），导致随着社会和经济科学崛起的放缓以及对科技学科的日益重视，学术界开始了新的转型，数字产业"独角兽"的崛起也支持了这一科技转向，推动了数字技术改革创新，并促进了这些领域培训和研究的需求及投资（莫洛佐夫，2016）。因此，技术类大学进入了新的发展阶段，同时也迎来了三个挑战：如何管理当代技术的潜力和风险及其影响，如何应对变化的加速以及对可持续技能再培训的需求，以及如何在教育中实施真正的知识民主化和包容性。

第一个挑战涉及几项未开发的当代技术的性质和影响。事实上，在人类历史上，技术不再仅用于简单的更快、更大量地处理数据和信息，而是复制认知过程。因此，正如神经网络和人工智能的研究和应用所证明的那样，这些技术可以学习并做出决策（罗塞尔，2019；哈拉里，2017）。此外，生物科学和信息科学之间的融合过程（所谓的会聚技术（NBIC）融合）也已出现，这带来了未开发的潜力和巨大的伦理问题（罗科和班布里奇，2003；罗科，2016）。虽然这一过程在北美辩论中得到了"技术驱动"观点的有力支持，但是在欧洲出现了一种更具批判性的观点，认为有必要将艺术和人文学科整合到这一融合过程中。在此背景下，科学技术与人文学科之间的联系被视为越来越重要的因素，可以负责任地推动未来的转型，并朝着公平有效的解决方案迈进（AA. VV.，2005）。

第二个挑战涉及近几十年来技术发展的速度，这个速度一直在显著加快。第四次工业革命开始于第三次工业革命后半个世纪，而之前的周期几乎近百年。此外，在过去的 20 年中，所有主要科学和技术领域的进步都是非常显著的，并且经常由私营企业而非研究和学术机构推动，这就是初创企业往往突然就成为市场领导者的原因，也推动了这些领域的进步和发展。同时，由于技术变革的加速，难以仅通过代际更替来提升工作水平，使得传统的行业组织受到了人员技能迅速下降的影响（弗雷和奥斯本，2013，2015）。

第三个挑战涉及第四次工业革命带来的网络技术如何影响知识共享和创造过程。硅谷先驱者们所阐述的知识开放型社会的乌托邦意识形态迅速与市场和地缘政治动态发生冲突，甚至加剧了发展中国家与经济衰退地区知识量的两极分化。数字鸿沟正在加剧不平等，知识的民主化只发生在地球的某些地方。新冠肺炎疫情只是证实了这种扭曲，向在线教育的大规模转变使一些地区和社区无法获得教育，这种情况既发生在宏观层面，整个地理区域的学生都无法到校上课；也发生在微观层面上，即使在西方国家和先进的城市环境中，一些小型社区和家庭也没有获得在线教育的工具和基础设施。

应对这三大挑战是学术机构的宏伟目标，当然对于技术大学和设计教育也是如此。为了正确实现这一目标，了解数字化转型对特定领域的影响非常重要，而时尚行业正在进行的转型尤为关键，预计未来的就业转型量将是巨大的。

2.2 数字化与时尚系统的变革

时尚长期以来一直是工业革命周期中的主角。18 世纪末以来，纺织和服装业一直是英国转型的核心，为整个欧洲的早期工业化做出了贡献。故而，应用于纺织和纺织品生产的蒸汽机仍然是第一次工业革命的象征并非偶然（加利莫尔，1993）。

18世纪后半期至今，技术发展一直在改变制造业，塑造我们的经济和社会形态。时尚行业一直遵循这一循环，有时还是变革的驱动力。对代表以前三次工业革命典型特征的转型速度的研究结果表明，从第一次通过水和蒸汽动力技术实现制造业的机械化，再到电力驱动的大规模生产，最后到电子控制和计算机辅助制造，每个周期都花了近一个世纪的时间。然而，只用了一半的时间就发生了当前所谓的第四次工业革命，这不仅表明技术进步促进了根本性变革，而且根本性变革的速度正在加快（见图2-1）；然而，时尚行业在适应当前转型和利用其创新潜力方面似乎较为缓慢。正在进行的第四次工业革命基于网络技术以及物理和数字环境之间的融合，其中先进的机器人自动化由一整套技术控制（吉尔克里斯特，2016；斯瓦比，2016）。这种转变也被称为"工业4.0"（I4.0），这个名称源于2011年在德国发起的一项战略创新计划，随后在整个欧洲都出现了类似的计划。该计划旨在通过提升产品、价值链和商业模式的数字化和互联水平来实现数字化制造，其目的在于支持行业合作伙伴之间的互联［德国联邦教育研究部（BMBF），2011］。

这种转变影响了包括时尚产业在内的所有行业。然而，尽管传统的老牌公司在适应新模式方面进展缓慢，但是有两类新参与者进入了时尚体系并重新构筑了竞争格局。

第一次工业革命
18世纪末

以下介绍了
水和蒸汽驱动的
机械制造设备

1742年	英国建立棉花工厂
1767年	詹姆斯·哈格里夫斯（James Hargreaves）发明了纺纱机
1784年	第一台机械织机
1790年	塞缪尔·斯莱特（Samuel Slater）建造了第一家棉纺厂
1793年	伊莱·惠特尼（Eli Whitney）发明了轧棉机
1814年	弗朗西斯·卡博特·洛威尔（Francis Cabot Lowell）引进了动力织机
1846年	埃利亚斯·豪（Elias Howe）为缝纫机申请专利
1856年	合成染料
1863年	一级模式

第二次工业革命
20世纪初

以下介绍了
基于分工的
电力化批量生产

1870年	第一条生产线
1872年	电动切割刀
19世纪80年代	电动缝纫机 渐进式生产线装配 合同制度
19世纪90年代	压力机
20世纪60年代	自动缝纫系统 数控切割系统 计算化评级

第三次工业革命
20世纪70年代初

使用电子和信息技术
实现制造业的
进一步自动化

1969年	第一个可编程逻辑控制器（PLC）
20世纪70年代	激光单层切割机 计算机标记制作系统
20世纪90年代	三维建模与纹理映射 身体扫描 数码印刷
21世纪	计算机非线性分级初探 数字通信盛行

第四次工业革命
今天

基于
网络物理系统

2010年	通过产品生命周期管理（PLM）精简列表 增加大规模定制
2011年	"工业4.0"

图2-1　时尚行业的四次产业革命周期

未来能力：创造力和设计力

首先，自21世纪的第一个十年以来，谷歌和亚马逊等科技巨头已将时尚视为扩展业务的一个有希望的领域。其次，新一代的初创企业为时尚市场注入了更新的商业理念。

第一种情况，科技巨头可以依赖和利用一项独特的关键资产：规模大而强的在线客户网络。在遍布全球的物流系统的支持下，依靠人工智能，这些网络可对用户进行分析归类并定制他们的时尚零售产品。这种方法的一个例子是先试后买服务（Prime Wardrobe），这是亚马逊开发的在线高级零售服务，它可随时转变为直接生产自有品牌，这不仅成为时尚零售商而且将成为传统时尚制造商的竞争对手。

第二种情况，主要来自其他行业［即信息通信技术（ICT）］的初创公司，它们一直致力于创建一个以快速利用数字技术的潜力的、充满活力的新时尚服务、产品、解决方案和商业模式的生态系统。如今，在零售业务中，历峰集团（YNAP）、阿索斯（Asos）和发发奇（Farfetch）等前十大国际企业在十多年前还没有出现在市场上，现在却被认为是"独角兽"。因此，现在时尚行业已被证明是科技初创企业快速成长的"沃土"，从单纯的零售到覆盖包括制造业在内的整个价值链的转变只是向前迈出了一步，并且方兴未艾［市场数据分析机构（CB Insights）］。

在这种新的时尚技术体系正在普及的同时，传统的老牌时尚公司在接受数字化转型方面进展缓慢，它们通过两种主要策略做出回应。首先，成熟的时尚公司由技术、工程等方法驱动，而不是系统性设计方法，通常从狭隘的角度实施技术转型，考量最新的技术、软件解决方案，以优化或替换现有流程的某一部分。其次，由于缺乏研发和信息通信技术（ICT）系统文化，成熟的时尚公司已经采用了开放式创新范式，这意味着它们在组织边界之外寻求新的理念（切斯布罗，2003；赫斯顿和萨卡布，2006）。先是传统零售商，如老佛爷百货（Galerie la Fayette）和尼曼马库斯百货（Nieman Marcus）；然后是 H&M、C&A 等快时尚大王；最后以悦·轩尼诗—路易·威登集团（LVMH）、开云集团（Kering）等集团为代表的奢侈品行业都制定了开放式创新战略，开始创建和赞助风险基金孵化器、加速器和有发展前途的初创企业，已将外源性创新内部化。

第一种方法在工业 4.0 计划的早期浪潮中更具典型性，这些计划往往以工厂为中心且过于简单。事实上，如果将数字技术应用于跨公司边界的资源链接，那么智能工厂内机器和人类之间的连接潜力将会产生更大的影响。数字网络可以创建一个由经营管理者、资产拥有者和利益相关者组成的集成系统，不仅可以与工厂实时调整供应链，而且还可以使零售渠道甚至产品与最终客户实时沟通和交换数据。因此，工厂可以成为一种模式内复杂网络生态系统的一个节点，在这个模式中，应该重新考虑包括设计在内的不同流程和功能的角色。按照这种预期重新构建的系统，确定最有希望的创新策略和重新规划高等教育至关重要，使其能够应对未来的就业需求。

2.3 时尚 4.0 和新兴的创新轨迹

来自所有工业 4.0 技术数字化过程的潜力产生了超越工厂

边界的影响。事实上，它们的附加值不仅像在第三次工业革命中那样依赖于增强的计算能力，而且还依赖于连接虚拟现实和物理现实的可能性（互联网和物联网），并在人类历史上首次复制了能够实现机器学习和进行决策的认知过程（乌斯通达格和塞维肯，2017）。

鉴于此，显然需要进一步的系统化的数字方法来克服以"工业4.0"制造为中心的愿景，以实现可将"智能工厂"与"智能网络"和"智能产品"联系起来的整个生态系统（AA. VV.，2016）。

在这个三极模型中（见图2-2），时尚周期的所有主要过程都可以被展示出来："智能工厂"与生产和物流相关；"智能网络"涉及供应链管理、零售和信息沟通；"智能产品"涉及产品开发、原型设计和抽样；最终，处于中心地位的研究和设计成为整个生态系统关键过程之间的理想连接。在图2-2中，可以推动产生新设计驱动方法模式的"引擎"由一组支持工业4.0范式实施的技术和应用程序表示。为了理解这一集成工业4.0技术所赋予的时尚周期新概念的主要应用，参考由马里奥·赫尔曼（Mario Hermann）、托拜厄斯·潘泰克（Tobias Pentek）和奥托·鲍里斯（Otto Boris）提出的六项"工业4.0"设计原则是非常有用的：虚拟化、去中心化、互操作性、模块化、服务导向和实时能力。这些原则特别有助于预测该模型的主要创新轨迹的实现（赫尔曼、潘泰克和奥托，2016）。

虚拟化标志着智能工厂、智能产品和智能网络三个领域内的所有流程，无论是数字化还是存在于物理世界中，都应该完全虚拟化，这意味着应该有一个始终更新的时尚创作、制造和分销周期的虚拟副本。虚拟化目前可以通过集成多种技术解决

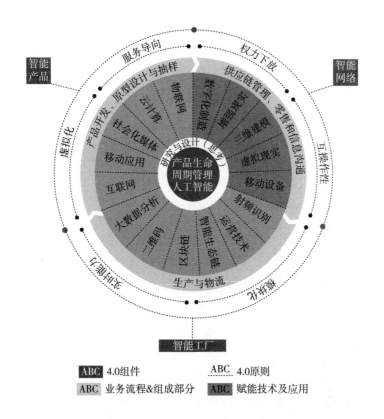

图 2-2　时尚 4.0 集成模型

方案来实现，如所有类型的传感器和跟踪系统，从应用于工厂的环境传感器到区块链系统和嵌入产品的射频识别（RFID）芯片。考虑到当代消费者的态度，这一方法成为众多益处中尤为重要的一个：有可能达到彻底透明的程度。在认识到时尚行业对社会和环境的许多负面影响，并了解品牌商家出于商业目的而广泛使用个人数据之后，人们现在开始追求透明度（麦肯锡，2019）。因此，虚拟化不仅可以提供对所有流程的实时控制，而且还可以作为一个强有力的杠杆，借以提高客户对品牌的价值感知。

去中心化是指创建一个灵活的分布式供应链网络，以增强整个供应链系统适应市场波动的能力，如通过调整生产周期以适应当地市场的变化。该原则可以应用于整个价值链，不仅包括制造供应商，还包括零售网络，将物理渠道和数字渠道合并，采取几种不同的技术手段就可以在全集成化生态系统内实现去中心化，如数字化制造［计算机辅助设计和制造（CAD-CAM）、3D 建模和打印等］和所有供应链管理信息系统（即企业资源规划和产品生命周期管理系统）。这种方法有诸多益处，其中所谓的"分布式制造"模式无疑有非常好的发展前景，这意味着将通过实时信息交换和尽可能接近终端市场的全球范围分布，从而得以实现轻型制造业节点互联。依靠与设计总部直接相连的本地采购—制造—零售系统，可以显著降低物流成本和环境影响。如果传统时尚品牌不能尽快接受这一理念，那么设计驱动的制造商文化和工厂实验室网络也将朝着这个方向发展（伯奇内尔和乌里，2016）。

互操作性是指产品或系统在不受任何限制的情况下与其他产品或系统工作和交互的典型特征，人类作为混合信息物理模式中的连接媒介参与其中，通过在新的物质数字化交互范式中集成互联网（IoT）和物联网（IoP）技术，可以轻松实现该模式，该范式可以沟通并连接从智能工厂到智能网络和产品的整个价值链。例如，在时尚系列开发中，工艺技术的混合以及与先进技术的结合代表了一种强大的差异化战略，也是未来工作变化和发展的一条非常有趣的轨迹。将工厂重新设计为开放的网络物理环境，上述作为媒介参与的个人在其中可以成为工业4.0的工匠，一些实例已经显示了这种范式的潜力，开启和设计了一种未经探索的可能性范围（贝托拉和特尼森，2018）。

模块化是指通过模块化子系统和相关组件而设计的系统，它能够通过更换或扩展单个模块来灵活适应不断变化的需求。因此，模块化系统可以在季节性波动或产品系统特性发生变化的情况下很容易地进行调整。这一原则在制造过程的灵活性和高效性方面带来了诸多好处，也可以应用于品牌厂商构思他们的系列或单品，克服了季节性甚至尺寸和性别等传统概念所带来的问题。事实已证明这一趋势，由基本款和无性别单品组成的跨季节和可变形服装正在市场上流行，完全适合"Z世代"消费者选择，很好地代表了正在进行的社会和文化转型以及对可持续消费实践日益增长的敏感性（弗莱尔，2008，2015）。

服务导向原则，即跨职能部门、业务部门的任何互动以及超越公司边界之外的任何联系都被视为一项服务，旨在支持开发和完善公司整个网络内的分散服务方法。几种不同的网络系统、协作工具和控制面板都可以让所有内部组织管理者和外部利益相关者通过服务接口轻松获取和交换信息，从而在沟通的效率方面有更大的提升。尤其是在品牌与其客户互动的背景下，日益增长的服务导向可以为时尚行业开辟新的商业前景，消费者从被动接受品牌传播到通过社交媒体实现主动互动的转变正在改变时尚范式，甚至通过采用具有共享经济特征的新经营模式，使其从以产品为中心的系统过渡到服务经济模式，如二手模式和租赁。

最后，实时能力原则是指设计一个完全虚拟化的产品生命周期管理系统的可能性，要求实时收集和分析数据，以便为所有流程规划提供信息。因此，实时能力不仅意味着需要连续的数据流，而且还意味着要有处理和合成数据的能力，使在一个能够实时决策和反应的组织构架内的不同职能者都能获取有用的数据。如今，已经可以通过连接所有流程的先进且完全集成的企业资源规划（EPR）和产品生命周期管理（PLM）系统来实现这一点：设计、产品开发、制造、零售以及产品使用和后期处置。因此，当代数据管理和网络技术可以促进所谓的"大规模定制"以比 30 年前理论化时更容易的方式实施（派恩，1993）。如今，通过人工智能驱动的社交媒体、电子商务和数据管理与用户的实时交互，最终使按需定制生产得以实现，从而实现品牌和消费者之间的脱媒。这为设计提供了一个真正的机会，可以直接了解用户的需求，并从产品设计转向系统和平台设计，以使用户能够共同创建自己的产品。

工业 4.0 模型及其设计原则的全面整合所带来的影响正在开启一种新的商业前景，在这些场景中，全球时尚体系可以按照新兴的创新轨迹进行彻底重塑。它们展示了通过设计驱动方法的正确引领，新型技术可以形成一个透明、循环、可持续和以用户为中心的时尚周期的未来。

2.4 时尚教育和范式转变的必要性

工业 4.0 范式和数字技术的潜力能够驱动整个时尚系统的积极重构，且影响其所有功能。然而，由于当代技术的特殊性，它也使设计过程陷入了一个严重的进退维谷的困境。事实上，正如前文所强调的，这些技术不仅能够加速过程，而且能够自主学习和做出决策，从而复制认知过程。尽管有关数字化转型对工作性质影响的报告仍然支持创意过程目前无法被技术复制的观点（弗雷和奥斯本，2013，2015），但有一些结果却提出了不同的结论，其中，先进的人工智能应用程序被应用在创新环境中，其功能有时会胜过人类的设计行为（波斯特罗姆，2014）。鉴于这些情况，我们当然需要深刻反思当前转型对设计在所有应用和实践领域（包括时尚）的影响，只有进行这种分析，才有可能通过重新设计知识支柱、能力和技能来实现这一目标，从而重塑教育以满足未来工作的要求。然而，尽管形势如此紧迫，但是并非所有设计教育领域都在积极推动这一变革，时尚教育在这方面似乎非常保守，这可以追溯到其特定的历史和演变，在更大的设计教育体系中，时尚学校的经验一直被认为是孤立的存在。

在从手工和农业社会向工业社会转变的过程中，设计通过不同的途径和随着学校的发展成为一种正式的专业实践和学科（赫斯克特，1980；德弗斯科，1985）。在早期阶段，工艺美术运动在设计教育的规范化方面发挥了非常重要的作用，这一运动的诞生是对 19 世纪初制造系统的严格限制所产生的标准化产品的反映，其目的是将"艺术大师"以前能够创造的品质和独特性回馈给日常生活对象（卡明和卡普兰，1991）。设计学校的原始模式植根于工艺美术的认识与观念，并在整个欧洲蓬勃发展，形成了至今设计教育中仍然存在的方法，如以车间为基础的学习模式是设计教学法最典型的表现形式之一，它与艺术工作室的原始学徒制直接相关，这也是前工业化社会的特征。

然而，这一原始模式通过随后的经验得到了进一步的发展，其中包豪斯（1919~1933 年）和乌尔姆学校（1953~1968 年）尤其突出。魏玛学派的最初目标是将所有学科重新统一到一个单一的"建筑艺术"中，能够将行业转变为一种新的语言，该语言也可以嵌入艺术和工艺的典型表现品质（福加斯，1995；伯格多尔和迪克曼，2017）。包豪斯学派的一些原则随后发展为更激进的经验，如"功能主义"和"理性主义"，这激发了所谓的现代运动（布拉德伯里等，2018），推动了设计的"科学化"。然而，它们对于设计学校的发展及其在高等教育机构中的制度化也至关重要。事实上，随着现代主义的发展，一些设计和建筑学校建立起来或进行了改革，其目标是将应用于艺术学校的基于实践的教育方法形式纳入编纂的理论文集（鹰泰，2017；斯皮茨，2002）。在乌尔姆学派中，这条路径被进一步构建为一种独特的设计理念，作为一种"反思性实践"（舍恩，1983），能够将实践和理论融为一体，并将艺术和人文学科、科学和工程学科联系起来。21 世纪以来，在过去的二十年中，设计的相关性不断提高，并被公认为是创新过程中的一项关键能力，可以逐步将公司和组织层级从技术功能提升为战略能力（维甘提，2006，2009）；今天，所谓的"设计思维技能"已被确定为千禧一代领导者的关键特征之一（克洛斯，2011）。沿着这条道路，设计教育已经能够接受持续的变革，扩展其边界并探索设计实践的新领域，如交互、用户体验、场景、服务、策略等（伯托拉和曼兹尼，2004）。然而，上面描述的演变只是部分地涉及了时尚教育，这通常被视为设计科学辩论中的边缘话题。除了对科学界的兴趣之外，时尚设计教育者和学校一直在发

展，成为整体中一个小型的自我参照利基设计系统。事实上，虽
然设计已经成为大学的一个重要话题，但时尚教育一直在沿着快
速发展的行业和未来学生的持久需求推动的道路前进，这些学生
通常对其文化、社会和媒体报道着迷。因此，它往往脱离了设计
教育所遵循的发展和表达方式，而在绝大多数情况下采取复制
"工艺美术工作室"的模式。这种"以艺术品为中心"的关注点
针对的是艺术、象征和文化方面的内容，这些内容无疑是时尚的
特征，但同时也限制了时尚设计教育的发展，使其无法全面探索
它所涉及的许多基本学科领域。这种方法没有考虑时尚的多面
性，与设计一样，它是更大、更复杂的社会技术系统的一部分
（马尔多纳多，1976；佩纳提，1999），其中正在进行的数字化转
型有可能彻底重塑时尚而成为新范式。然而，虽然需要以一个系
统的和多学科的观点与视角来预测这一未来的发展前景，但一些
时尚学校仍然专注于以产品为中心的教育，主要是为了提高学生
的样式设计和精巧制作的能力。

然而，回顾一开始提出的三个对大学的挑战和时尚的持续
转型，该领域的设计教育出现了三条变革轨迹。

首先，设计作为一门学科和实践，在连接艺术和科学、人
文和技术之间架起桥梁，可以在研究和创新过程中获得前所未
有的相关性，从而发展成为公司和组织的战略职能（班纳吉和
凯里，2016）。因此，当代和未来的大学需要重塑设计知识和学
习过程，以实现高科技创新和"新人文主义"之间的平衡。这
一目标要求时尚教育不仅要向学生传授技术技能，还要传授创
业的能力。因此，正在进行的技术变革的系统性维度应该与学
生对时尚的系统性认知和期待相一致，时尚教育需要从以产品

为中心转变为接受和包容涵盖多学科的知识领域，以使设计专业人士能够预见其与所有其他职能的相互关系，并能充分利用技术创新的潜力。

其次，对在职人力资源进行再培训的需求持续增加，大学需要通过寻找新的方式与公司合作，共同创造教育路径和新的工作经验培训，从而更好地应对这一任务。此外，鉴于当代技术淘汰速度加快，有必要更深入地反思如何将其纳入教育体系。在时尚设计实践中，由于技术代表着基本工具、应用领域和认知"增强"，因此必须重新考虑通过和利用技术进行教学，这个过程的重点应该是在学习者中建立一种对宏观技术领域十分熟悉并应用自如的环境，最重要的目标是提高学生在科学技术领域内的学习能力，而不仅仅是学习特定的解决方案和工具。这就需要将教育重点放在培养学生的认知能力上，在这种能力中，"如何"学习变得比"学习什么"更重要。

最后，学术机构有必要承担起平衡知识两极分化过程的全部责任，技术发展已经使一些社区和地区到了被边缘化的程度，它们应积极致力于生产和传播开放并容易获取的知识，使更多有不同需求的学习者能够获得新的在线教育资源（OER）。这一目标需要实施新的教育方法，并充分挖掘可用的技术，将其作为增强学习体验的手段。虽然时尚教育常常被发展成为一条精英主义道路，但是这种变化轨迹最终可以反映出创新在知识可及性和开放性方面所提供的潜力。

2.5　结论

时尚学校和时尚教育长期以来一直是设计教育的重要领域，

往往与该学科及其演变的科学探讨毫无关联。不过，考虑到时尚对全球经济和社会的公认影响，这种分离的状态有可能即将结束，像所有其他部门一样，时尚也需要参与支持向更可持续和公平的范式不断地转变。当代技术变革通过描述创新轨迹，为渗透进整个时尚价值链，显示出实现这一目标并重塑时尚体系的巨大潜力。然而，由于尚未实施完全集成的工业 4.0 时尚模型，它们的影响在很大程度上尚未被探讨，技术应用的某些方面（如大数据管理和人工智能等）对未来的工作和职业提出了新的问题和挑战，这些都应该予以考虑并成为教育机构选择的指南。尤为值得一提的是，这些新应用程序的学习和决策潜力使一些商业模式得以实施，在此类模式中，缺乏正式设计功能的时尚品牌能够被建立起来。例如，在线个人造型平台 Stitch Fix 及其进入自有品牌制造业等案例都反映了这一趋势，它们依靠人工智能算法和机器学习过程，通过剪切和粘贴来"组装"时尚系列，从而预先构建了一个无须设计的、基于消费者特征和行为的现有设计概念时尚系统。

然而，正如时尚创新者卓侬·布罗奇（Zowie Broach）所说，人工智能设计平台可能会陷入巴甫洛夫式的悖论。通过将消费者行为简化归类为处理现有创意的规则系统，几乎未留出引入新创意的空间，从而复制基本的人类特性，或将导致产品的逐步同源性（雷杰克，2019）。毫无疑问，这种情况几乎没给时尚行业的创意专业人员留出空间，使其预测在中长期内时尚文化和创意内容将逐渐枯竭。赋予时尚设计专业技术人员对技术、自身潜力和他们对贯穿全时尚价值产业链的不同应用领域的高度熟悉，这也不失为一种可以避免这种问题在不久的将来出现的方法。这意味着时尚教育需承担一项新的责任与义务，即培训创意人才，使其成为被专业技术赋能，而不是受技术驱动的增强型专业人才。只有重新设计时尚教育的内容、流程及其范围，才能实现这一目标。我们坚信，在人工智能思想理论推动下的设计思维应该作为一个重要的创意引擎，实时了解其周围网络物理生态系统的影响、行动和反应，成为时尚周期的核心。

3

创新课程中的数字能力

保拉·贝托拉（Paola Bertola）、玛齐亚·莫塔蒂（Marzia Mortati）、安吉莉卡·万迪（Angelica Vandi）

米兰理工大学设计部

本章介绍的框架是 DigiMooD 内部研究的一部分，DigiMooD 是一个由欧盟委员会资助的为期 28 个月的项目，名为"创意欧洲——艺术与科学硕士模块"。其目的是对利用数字化转型契机中所存在的并能够支持文化和创意产业（CCIs）的多学科教育方法缺乏的问题提供解决方案。事实上，尽管创意行业被公认为是"最具创业精神的行业之一，可以培养创造性思维、解决问题、团队合作和企业家精神等可转移技能"（欧盟共同体，2018），但是很明显缺乏技术数字技能是其发展潜力的障碍，对于艺术和人文学科的年轻毕业生尤其如此。

在开发该项目的同时，这些可能性也因新冠肺炎疫情暴发而导致指数性增加。在此期间，封控管理迫使教育工作者和研究人员更加迫切地探索远程学习，这使得在线教学也成为疫情后的潜在"新常态"。一方面，疫情可能促使了教育中数字工具在使用上的积极加速；另一方面，它也表明许多教育工作者和学生缺乏适当的准备而无法充分利用新的机会。就行业而言也是如此，这场疫情也使现有的弱点更加突出了，尤其是 Digi-MooD 关注的时尚行业，由于开发利用数字渠道和机遇的迫切需要，都需要重新设计一个成熟的行业，该行业过去常常以离岸战略被动地应对全球变化带来的动荡。在新形势下，公司被要求建立"一种平衡的模式，以综合方式优先考虑数字增长和在其发展过程中的客户体验"（时尚业态报告，2020），数字技能对于实现这一平衡至关重要。因此，在其推进过程中 DigiMooD 进行的工作对教育和产业两个方面都极为重要。

在"塑造欧洲的数字化未来"中，欧盟委员会声称，它正在努力创造一个从民主社会到小企业和初创社区的所有人都受益的数字环境，从而促进生产和向消费者的价值输送。通过向未来的设计和时尚毕业生提供数字技能来支持这一计划一直都是 DigiMooD 的具体目标。特别是，该项目通过跨学科方法将创造力与技术、数字和创业能力相结合，同时还"通过数字学习环境和仪器试验等新的教学方法和工具，使学生具备数字经济的技能思维"（伯托拉、莫尔塔蒂和塔弗纳，2019）。该实验基于项目开始时建立的理论框架，以便更清晰地定义现有的数字技能差距，描述这一框架及其开发过程是本章的重点。

3.1 初始定义：技能与能力

研究的第一步是了解 CCIs 数字技能差距的真实性质。要做到这一点，需要提供一些可以作为边界并为该项工作的创建进行初始指导的定义。因此，一开始就定义了两个方面：CCIs 的定义和部门重点，以及研究可以进一步制定提案的相关技能的概念。

关于 CCIs 的定义，DigiMooD 参照了欧盟委员会在《释放文化创意产业潜力》绿皮书中给出的定义，如下：

"创意产业"是那些将文化输入其中并具有文化维度的产业，它们的输出主要是功能性的。它们包括将创意元素整合到更广泛流程中的建筑和设计，以及平面设计、时尚设计或广告等设计的子领域（欧盟共同体，2010）。

此外，该联盟还将文化产业认定为：

那些生产和分销商品或服务的行业，不论它们可能具有何种商业价值，在其发展时被认为具有体现或传达文化表现形式的特定属性、用途或目的。除了传统艺术领域（表演艺术、视觉艺术、文化遗产，包括公共部门），它们还包括电影、DVD和视频、电视和广播、视频游戏、新媒体、音乐、书籍和报刊。这一概念是根据 2005 年联合国教科文组织《保护和促进文化表现形式多样性公约》中对文化表现形式的表述来进行定义的（欧盟共同体，2010）。

产业部门分类参考文献中进一步明确了时尚业相关产业部门，但它没有考虑到如时尚公司的软件供应商等相关领域。事实上，这项研究的兴趣主要集中在所有传统类型的时尚公司，从手工和微型公司到初创和大中型企业，以了解它们现在和不久的将来可能对其更有用的特定类型的数字知识。此外，重点在于了解如何将这些知识传授给那些被雇佣的年轻毕业生并将其作为转型专有工具的公司，这些公司实际上是该领域对数字化转型抵制程度最大的代表，因为许多人仍然认为数字化会扼杀创造力，并且不能被工匠使用。

关于 skills 的概念，研究已经确认，该术语的普遍使用往往决定了其意义的丧失。这是一个笼统的词，其定义难以精确界定，一些经过分析的研究表示，将 skills 称为一个涵盖所有专业知识并且含义宽泛的概括性术语（埃森哲咨询公司提出的报告"新技能—融入数字经济"使用"构建技术知识"来定义更广泛的技能体系）。与此相反，其他报告提到了不同的术语，包括能力、态度等。欧盟委员会（2016）坚称，skills 一词被广泛用于指代一个人认知、理解和能够做的事情，这意味着该术语可以指代已经学到的东西和与生俱来的能力形成对应。然而，欧盟委员会本身在《欧洲资格框架》和其他报告（欧洲议会，

2008；欧盟共同体，2018）中指出，competence（而非 skills）一词可以更准确地表示特定学习成果的实现，并将其转化为教育课程。从词源上分析，competence 一词来自拉丁语 compēt-ēre，意思是为了一个共同的目标而共同努力。此外，形容词 competable 的含义是指在某个领域具有权威的人，表示有责任感、有资格并具有能力的个人素质。就 DigiMooD 的目标而言，这一定义更符合其意图，即了解如何培训人员并使其成为称职的人，或因为她/他的技术有效性、道德表现和与专业群体价值观的一致性而获得社会认可的人。

欧盟委员会还提供了其他定义，这些定义有助于界定该意义范畴，尤其是：

- knowledge 代表通过学习吸收信息的结果。knowledge 是与工作或研究领域相关的事实、原则、理论和实践的集合。根据"欧洲资格框架"的释义，knowledge 被描述为理论或事实性的。

- skills，即应用知识和使用专有技术完成任务并解决问题的能力。根据"欧洲资格框架"的释义，skills 被描述为认知能力（涉及使用逻辑、直觉和创造性思维）或实践能力（涉及手动灵活性以及方法、材料、工具和仪器的使用）。

- attitudes 被视为行为表现的激励因素，是持续胜任能力的基础，它们包括价值观、愿望和优先权。

因此，尽管 skills gap 继续被用作这一语境下的一个常见的表达方式，但我们发现 skills 一词被不够严谨地用来表述人们对数字机遇的毫无准备。在研究中，我们选择超越这种对能力的一般性理解，成为我们更彻底、更明确地获得在教育过程中所学到的知识、技能和态度。

3.2 数据收集过程

确定时尚公司在数字能力方面的现有差距，要求我们清楚地了解和明确该行业的需求和障碍。为了进行这项分析，Digi-MooD 联盟结合了案头研究、查阅来自学术研究和实践主导来源的现有文献和相关报告并分析以及实地研究，通过进行定量调查（针对难以进入数字世界的传统公司）和一组定性访谈（针对在意大利和法国选定的已有能力进行数字创新的公司）收集第一手数据。

第一年，这两条数据收集途径平行运行，以四个特定步骤专门与行业进行直接对话，大约有100家公司直接或间接参与：一开始，焦点小组帮助验证了调查问卷的内容结构；随后启动该调查，约50家公司参与并填写问卷回复调查，然后进行了深度访谈，以排列和选择我们问卷内列出的能力；最后，进行了一个协作会话，来检测分析和细化完善最终框架。上述每项调查活动，被选的参与者既涵盖了公司也涵盖其他类型的利益相关者，从商业管理者到领域专家和创新人员等。下面将更详细地描述调查和访谈，重点介绍调查结果和最终框架建议。

3.3 构建数字能力差距：文献中的核心理念

研究的第一阶段对有关数字和创业竞争力的研究成果及报告进行了梳理和分析。

最初，该项研究就从多元的维度着手，搜寻学术参考资料和机构报告，为 CCIs 勾勒出数字技能或能力地图。此外，研究的资源涉及数字工作概况，而教学/教学模式则涉及数字特性。

已经找到并分析了大约 50 项不同的研究成果，重点注意到一种倾向，即大多模糊地提及数字技能或能力，而非全局化地构建出其出现的后果以及克服这种状况的必要性。因为这些报告偏离了我们的研究重点，所以在这里就不再进行分析。依据这个最初的广泛研究，我们决定只选择并专注三项主要研究，详细说明一系列能力，具体而言：图 3-1 中提出的终身学习的关键能力（欧洲议会，2006），以及分别在图 3-2 和图 3-3 中提出的由欧盟联合研究中心（JRC）、欧盟数字素养框架（DigComp）和欧盟创业能力模型（Entrecomp）开发的两个能力框架。

欧洲议会于 2006 年发布了终身学习的关键能力，从那时起，这些能力已成为许多与教育和技能提升相关的不同项目的参考标准。它们的定义性质宽泛并包含软技能，这使其与应对 CCIs 所需的数字化转型有了更大的相关性，因此该能力框架被作为我们研究的核心参考标准。

"DigComp 2.1：公民数字能力框架"（欧盟联合研究中心，2017）是一项旨在定义公民相关数字技能的持续研究的最新版本。

他们关于"数字时代的学习和技能"的研究工作自 2005 年以来一直在进行，所提出的技能也被称为公民的数字能力。该框架"旨在向欧盟委员会和成员国提供基于事实的政策支持，充分挖掘数字技术在创新教育和培训实践、改善终身学习的机会以及应对就业、个人发展和社会包容所需的新型（数字）

读写能力	读写能力是指通过视觉、声音或音频和数字材料,以口头和书面形式识别、理解、表达、创造和解释概念、感受事实和观点的能力,它意味着以适当和具有创造性的方式与他人有效沟通和联系的能力
多语言能力	这种能力定义了适当和有效地使用不同语言进行交流的能力。它与读写能力的主要技能维度大致相同。它基于适当的社会和文化背景下,根据个人的意愿或需要,以口头和书面形式(听、说、读、写)理解、表达和解释概念、思想、感受事实和观点的能力
数学能力和科学、技术与工程能力	数学能力是发展和运用数学思维的能力和洞察力,以解决日常生活中的一系列问题的能力。科学能力是指通过使用观察和实验在内的一整套知识和方法来解释自然世界的能力和意愿,以确定问题并得出基于证据的结论。技术和工程的能力是应用这些知识和方法来回应人类的意愿和需求
数字能力	数字能力包括在学习、工作和参与社会活动时确定、批判和负责任地使用数字技术,包括信息和数据素养、沟通和协作、媒体素养、数字内容创作(包括编程)、安全(包括数字福祉和与网络安全相关能力)、知识产权相关问题的解决和具有批判性思维的能力
人人、社会和不断学习的能力	个人、社会和学习能力是指反思自我、有效管理时间和信息,以建设性方式与他人合作、保持弹性以及管理自己的学习和职业的能力。它包括应对不确定性和复杂性的能力,学会学习、保持身心健康,能够在包容和支持的环境中共情并管理冲突,引领健康意识、未来导向的生活
公民身份能力	公民身份能力是指在理解社会、经济、法律、政治概念和结构以及全球发展和可持续性的基础上,作为负责任的公民充分参与公民和社会生活的能力
创业能力	创业能力是指根据机会和想法采取行动,并将其转化为他人价值的能力。它建立在创新、批判思维、解决问题能力的基础上,秉持初心,坚持不懈,能够与人合作来规划和管理具有文化、社会或财务价值的项目
文化意识与表达能力	文化意识和表达能力是指理解和尊重思想和意义是如何在不同文化中,通过一系列艺术和其他文化形式被创造性地表达和传播的。它还涉及在方式和背景下理解、发展和表达自己的想法、自己在社会中的地位或角色的感受

图 3-1 终身学习的关键能力

信息和数字素养

- 1.1 浏览、搜索和过滤数据、信息和数字内容
阐明信息需求，在数字环境中搜索数据、信息和内容，访问它们并在它们之间导航。创建和更新个人搜索策略
- 1.2 评估数据、信息和数字内容
分析、比较和批判性地评估数据、信息和数字内容来源的可信度和可靠性。分析、解释和批判性地评估数据、信息和数字内容
- 1.3 管理数据、信息和数字内容
在数字环境中编排、存储和检索数据、信息和内容。在结构化环境中组织和处理它们

沟通与协作

- 2.1 通过数字技术进行交互
通过各种数字技术进行交互，并了解特定环境下恰当的数字通信手段
- 2.2 通过数字技术分享
通过适当的数字技术与他人共享数据、信息和数字内容。作为中介人，了解引用和归因实践
- 2.3 通过数字技术参与公民身份
通过使用公共和私人数字服务参与社会。通过适当的数字技术寻求自我赋权的机会和参与式公民身份
- 2.4 通过数字技术进行合作
将数字工具和技术用于协作过程，以及资源和知识的共同构建和共同创造
- 2.5 网络礼仪
在使用数字技术和数字环境中互动时，了解行为规范和知识。使传播策略适应特定受众，并意识到数字环境中的文化和代际多样性
- 2.6 管理数字身份
创建和管理一个或多个数字身份，能够保护自己的声誉，处理通过多种数字工具、环境和服务生成的数据

数字内容创作

- 3.1 开发数字内容
创建和编辑不同格式的数字内容，用数字手段表达自己
- 3.2 整合和重新阐述数字内容
修改、完善、改进信息和内容将其集成和现有知识体系中，以创建新的和原创的内容和新知识
- 3.3 版权和许可证
了解版权和许可如何应用于数据、信息和数字内容
- 3.4 编程
为计算系统计划和开发一系列可理解的指令，以解决给定问题或执行特定任务

安全

- 4.1 保护设备
保护设备和数字内容，了解数字环境中的风险和威胁。了解安全措施，并充分考虑可靠性和隐私
- 4.2 保护个人数据和隐私
在数字环境中保护个人数据和隐私。了解如何使用和共享个人识别信息，同时能够保护自己和他人免受损害。使用数字服务的"隐私政策"，告知如何使用个人数据
- 4.3 保护健康和福祉
在使用数字技术时，能够避免健康风险和对身心健康的威胁，能够保护自己和他人避免数字环境中可能出现的危险（如网络霸凌）。了解数字技术和社会福祉以及社会包容性
- 4.4 保护环境
了解数字技术及其使用对环境的影响

问题解决

- 5.1 解决技术问题
识别操作设备和使用数字环境时的技术问题，并解决这些问题（从故障排除到解决更复杂的问题）
- 5.2 确定需求和技术响应
评估需求，并确定、评估、选择和使用数字工具和可能的技术来解决这些需求。调整和定制数字环境以满足个人需求（如可访问性）
- 5.3 创造性地使用数字技术
使用数字工具和技术来创造知识、创新流程和产品。以个人或集体参与认知活动，以了解和解决数字环境中的概念问题和问题情况
- 5.4 识别数字能力差距
了解自己的数字能力需要改进或更新的地方，能够支持他人的数字能力发展，寻求自我发展的机会并与数字发展保持同步

图3-2 欧盟数字素养框架（DigComp）原型

图 3-3 欧盟创业能力模型（EntreComp）的领域和能力

技能和能力的培养等方面的潜力"［欧盟联合研究中心（JRC），
2017］。

"EntreComp：创业能力框架"是一份研究报告，该报告源
于"关于终身学习关键能力的建议"，其中"主动意识和创业
精神"被确定为所有公民的 8 项关键能力之一（欧洲议会，
2006）。这项由欧盟联合研究中心进行的关于创业能力的研究目
的是在教育和工作领域之间架起一座桥梁，并被任何旨在促进
创业学习的倡议计划作为事实上的参考依据（欧盟联合研究中
心，2016）。本书的几份报告强调了尽管人们对创业能力培养有

兴趣，但是尚不清楚哪些是创业能力方面可以作为能力进行传授和培训的独特要素。正如他们在最终报告中强调的那样，在 EntreComp 研究的背景下，创业被理解为一种跨领域的关键能力，适用于个人和团体，包括现有组织以及生活的各个领域。

在我们的分析中，这三个框架已经被交叉引用，以寻找相似性和共同点，同时也通过了解其对比性特点，使研究能够为以后开发我们自己的能力框架建立一个原始知识库。特别是，人们开始关注不同的能力集群，不再只关注与更具专门技术的数字技能相关的单一领域。除了管理和建立数字元素的技术性因素之外，更广泛的横向能力领域也随之出现，并与创业、管理思维以及创造性、批判性和解决问题的能力相关联。这些考虑因素在收集一手数据时得到了进一步探索，并在与公司的直接互动中进行了探讨。

3.4 调查：方法和样本

该调查是针对传统公司进行的，主要目的是验证他们的数字意识，包括潜在的应用机会、可能存在的缺陷和发展轨迹。事实上，新的数字化战略并不局限于采用技术工具，还意味着商业逻辑、流程和商业组织更广泛的变化。因此，本调查想验证公司在这一领域的意识。因此，本书提到了该行业创新的几个驱动要素，可概括为三个要点：

- 可持续性问题，试图减少时尚对地球环境、经济和社会文化的影响。

- 数字化转型对整个供应链的影响，从产品开发到零售和沟通。

● 新的生产和消费动态（即从产品到服务、共享经济、社会互动和社会创新）。

根据这一方向，本次研究旨在调查数字化转型对公司每个基本流程的影响，包括设计、生产、营销、沟通，并将这些要素集中在新语境背景下企业可能需要的数字化能力上。

所使用的方法论建立在第三产业行业协会开发经验的基础之上，它们长期以来一直分析附属公司的职业要求，通过采用有机愿景来满足专业发展的需求，用领先的宏观流程取代业务职能。因此，在调查中，每个宏观流程都由相关专业发展的领域确定，并关注该领域所面临的具体挑战。最后，在每个流程阶段都强调了培训所针对的专业技能领域。这种方法最初是为与公司进行深入访谈而设计开发的，并已针对 DigiMooD 项目进行了调整和简化，目的是在定量调查中获得有效的结果。由于该调查是在研究能力框架全面开发之前进行的，因而此处用于数字能力的参考依据是由欧盟委员会联合研究中心开发的"DigiComp 2.1.——公民数字能力框架"，通过该框架，可以将数字能力的概念与特定的商业功能联系起来。

定量调查的样本构建涉及时尚行业的第三产业行业协会成员公司，这些都被归入第三产业行业协会时尚体系，是一个专题工作组，组内成员公司可以参与和共同需求相关的具体项目（并依次提出建议），也可参与涉及共同开展业务机会的项目。

在调查启动时（2018 年 5 月初），第三产业行业协会时尚部门会集了 170 家在以下领域开展多元化商业活动的公司：

● 纺织和服装行业的产品分销和营销

未来能力：创造力和设计力

- 服装和针织品的设计和生产（系列或定制）
- 纺织配件和辅料生产
- 纱线和纺织品生产（棉、毛、麻和亚麻）
- 皮革制品
- 鞋类

第三产业行业协会的时装部门也是意大利时尚系统的代表，主要由在传统上集中于各个地区的专门从事特定营销活动或产品生产的公司组成。在许多情况下，这些公司充当分包商或准许为更大或组织结构更完善的公司提供服务，这些公司通过各种分销渠道向最终消费者提供其品牌的不同系列产品。尽管如此，时尚公司的情况纷繁多样、不尽相同，即使只关注为市场制造成品的公司，也可以使用许多变量进行分类，如公司的结构特征或其对业务管理的导向（即公司规模、所有权类型、垂直整合、与市场互动的逻辑、分销逻辑、国际化程度、创新管理的可能性等）。鉴于此，考虑到开展调查的诸多流程（设计、生产、营销、沟通）中问题的具体性和特殊性，参与调查的公司被要求委托一位对各流程有全面了解的公司成员来负责复杂且具体的调查工作。例如，运营经理，需跟进从研究和产品设计到销售到最终消费者和售后服务，以便调查结果可以提供整个供应链所需能力的完整概述。下文将公布调查所包括的全部问题列表，以确保所开展的工作更加清晰和透明。

调查：时尚行业的数字技能

1. 贵公司在以下哪些流程中处于活跃状态？（最多三个选项）

（a）产品创意和设计（创意策略、趋势研究、材料研究、产品线建设等）

（b）产品开发、物流和生产（取样、生产协调、收集管理、补货和仓库管理）

（c）B2B 营销（批发计划和管理、交付计划、B2B 营销、客户服务等）

（d）B2C 营销（零售规划和管理、客户服务关系、库存管理、交付计划、营销活动、客户关系管理、活动等）

（e）沟通过程的规划和管理（创意策略、沟通和媒体管理、内容创建、制作和造型设计等）

（f）更多：请具体说明＿＿＿＿＿＿

2. 在时尚行业，您认为哪些变化会影响产品的创造、规划和开发？（最多三个选项）

（a）数字设计，旨在使内容适应媒体

（b）3D 打印

（c）设计阶段的新软件

（d）设计阶段当前软件的开发

（e）使用软件找出趋势和风格（混合设计）

（f）更多：请具体说明＿＿＿＿＿＿

3. 在您看来，在时尚行业，哪些变化会影响生产流程的规划和管理？（最多三个选项）

（a）重新设计生产过程的时间线和方法（如立即查看、立即购买）

（b）库存管理和产品可追溯性的新方法和新技术

（c）需要创新制造工艺的新材料（如可穿戴技术）

（d）生产系统中采用的新技术（如机械等）

（e）重新配置生产流程，引入相互关联的新参与者，能够加快生产流程

（f）由于技术进步，"按需制造"的发展允许保持非常低的数量要求

（g）在所谓的"精益制造"过程中开发当前的生产配置，以消除整个制造过程中的任何浪费（时间、生产过剩等）

（h）更多：请具体说明_____

4. 在时尚行业，哪些变化会影响商业流程的规划和管理？（最多三个选项）

（a）分销过程中的新参与者

（b）借助新技术重新配置与客户的关系，特别是关于售前和售后阶段的可追溯性和管理

（c）数字和物理渠道之间的完全整合（全渠道方法）

（d）零售体验（在销售点重新分类零售，为终端客户插入体验内容）

（e）销售点的数字技术（如增强现实、虚拟现实等）

（f）通过数字技术（如分析等）进一步提供、跟踪和整合有关最终客户和零售商品的采购流程信息

（g）更多：请具体说明_____

5. 在时尚行业，哪些变化会影响沟通流程的规划和管理？（最多三个选项）

（a）媒体内容的数字化设计

（b）进一步利用新技术提供的信息管理社交媒体渠道

（c）移动端的相关性

（d）数字内容的"共同创作"现象

（e）"多平台、多设备营销"的发展，基于通过技术和数字工具整合与客户的关系

（f）更多：请具体说明＿＿＿＿＿＿

6. 您在时尚供应链的哪个环节发现了数字技能（尤其是信息通信技术 ICT 的有效使用）方面的差距？（最多三个选项）

（a）供应链上游的制造企业

（b）供应链上游，专门从事一个或多个与材料加工相关步骤（如染色、整理等）的公司

（c）在中小型公司中

（d）在大型公司中

（e）在价值链的中间，在参与 B2B 分销活动的公司中

（f）在价值链的中间，在支持通信流程的运营商中

（g）价值链下游，参与 B2C 活动的公司

（h）更多：请具体说明＿＿＿＿＿＿

7. 在您看来，贵公司的哪些流程最需要数字化技能？（最多三个选项）

（a）产品创意和设计

（b）产品开发、物流和生产

（c）分销、销售

（d）沟通过程的规划和管理

（e）支持流程：行政、问责、人力资源管理等

（f）在公司管理中（高层管理团队）

（g）更多：请具体说明＿＿＿＿＿＿

8. 在您看来，无论公司流程如何，哪些数字技能将为您的

未来能力：创造力和设计力

公司带来价值？（最多三个选项）

　　（a）数字内容创建（视频、多媒体文本、图形）

　　（b）数字技术之间的交流和整合

　　（c）数字教育（数据、信息和内容管理）

　　（d）数字安全（仪器、数据、环境保护）

　　（e）通过数字技术进行项目管理

　　9. 在1~9分制（1=低技能；9=高技能）中，您如何评价贵公司当前的数字技能？

　　（a）数字内容创作（视频、多媒体文本、图形）

　　（b）数字技术之间的交流和整合

　　（c）数字教育（数据、信息和内容管理）

　　（d）数字安全（仪器、数据、环境保护）

　　（e）通过数字技术进行项目管理

　　10. 在1~9分制（1=不同意；9=完全同意）下，您如何评价以下情况？

　　（a）我们的原则是采用先进技术

　　（b）我们公司使用先进的技术来与竞争对手竞争

　　（c）我们公司通常是第一个掌握新方法和新技术的公司

　　（d）我们公司经常改进信息的管理和共享

　　（e）我们公司采用创新的营销方式

　　（f）我们公司使用创新的客户关系方法

　　（g）我们公司为通过数字技术进行创新分配了特定预算

　　（h）我们公司为员工的数字化教育分配了专项预算

　　11. 贵公司最近是否招聘应届毕业生？

　　（a）是

（b）否

如果答案是肯定的，请转至问题12。

12. 在最近的应届毕业生招聘过程中，候选人的个人资料中缺少或缺乏哪些必备技能？（最多三个选项）

（a）数字内容创作（视频、多媒体文本、图形）

（b）数字技术之间的交流与整合

（c）数字教育（数据、信息和内容管理）

（d）数字安全（仪器、数据、环境保护）

（e）通过数字技术进行项目管理

13. 在过去的24个月中，您是否为员工开展了有关数字技能的培训课程？（最多三个选项）

（a）是的，在专注于不同技能的培训项目中，几乎不涉及数字技能

（b）是的，通过专门针对该部门（例如零售单位）所用软件的数字技能的培训计划

（c）是的，通过有关数字文档的沟通、交互和数字文档制作的通用软件的数字技能培训计划

（d）是的，通过专注于数字内容制作的数字技能的培训计划

（e）我不知道

（f）没有

14. 未来的时尚公司：（最多三个选项）

（a）将有与现在不同的生产流程

（b）将基于新技术使用不同的材料

（c）将能够映射客户的整个购买行为

（d）将成为"互联公司"，与外部合作伙伴完全整合，但指的是与公司整合

（e）将是专业化公司，专注于供应链的一个或多个流程，而其他流程将被外部化

（f）将成长为生产内容（传播、讲故事）而不仅仅是时尚产品本身的媒体公司

（g）更多：请具体说明＿＿＿＿＿＿＿＿＿

3.4.1　分析反馈

该调查已得到 50 家公司的反馈，合规率为 29.4%。根据 6 月 19 日至 9 月 21 日进行的量化对比调查的平均值，合规率为 28%（基于第三产业行业协会数据），因此不存在重大偏差。

下面，我们公布受访者在关键变量方面的反馈结果。该分析中的影响因素是公司目前活跃的核心业务流程（见图 3-4）及其规模（见图 3-5）。这确保了一个有助于了解公司类型的概括性描述，作为了解每个领域能力的起点。

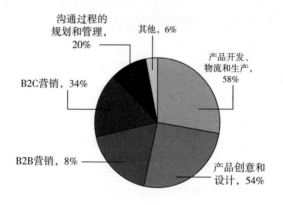

图 3-4　目标公司的核心业务流程

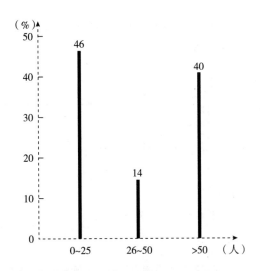

图 3-5 相应公司的维度类别（员工数量）

专题 1

创新、设计和产品开发流程演进因素的识别

根据反馈，在涉及新产品的创作时，有两个因素被认为是至关重要的：数字设计的作用，是 64% 的公司给出的反馈，以及 38% 的公司反馈的混合设计的作用。

这表明数字工具和平台在研究和设计阶段持续整合的重要性日益增加，主要涉及数字系列时装的创建及其管理、端到端数字化产品管理（包括设计、虚拟采样、生产可视化），以及数字化和机器人化软件及算法，以通过精细的需求预测发现市场趋势（见图 3-6）。

1. 您认为，时尚行业产品的创造、规划和开发将面临哪些变化（最多三个选项）

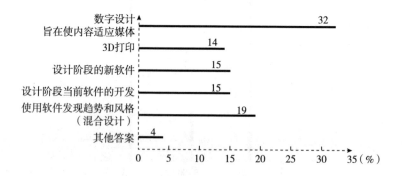

图3-6　时尚行业中影响产品创造、规划和开发的变化

专题2

生产规划和管理流程演进因素的识别

从生产流程来看，出现了两个主要因素：74%的公司选择按需制造、56%的公司选择精益制造。这种选择可以从这两种生产过程的特点来解释：按需制造允许企业，特别是小型企业保持最低数量要求。而精益制造有助于在整个制造过程中尽可能减少浪费（时间、生产过剩等）。数字化，尤其是物联网，将实现仓库自动化和优化，并通过分配新的时尚商品来突破销售历史纪录，同时改善仓库拣货和投放，并促进网络、运输和路线优化（见图3-7）。

2. 您认为，哪些变化将影响时尚行业生产流程的规划和管理（最多三个选项）

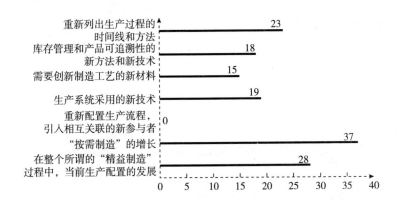

图 3-7 时尚行业中影响生产流程规划和管理的变化

专题 3
商业流程规划和管理过程演进因素的识别

54%的公司指出，影响变化的主要因素体现在物理渠道和数字模式之间的完全整合，即所谓的全渠道方法，38%的公司直接将数字技术（如虚拟和增强现实等）运用于销售点。

客户体验无疑是时尚品牌的重中之重，许多组织一直通过投资数字渠道来做出响应，通常是为了致力于取代传统的客户参与模式。在这里，目标是最大化客户价值，这是通过整合一致的全渠道体验来实现的，因此不会孤立地看待不同的接触点，而是将其视为无缝衔接客户流程的一部分。在这方面，创新能力还将涉及服务流程的设计，确保端到端数字化和实时联系流程符合已确认客户的需求和偏好，并明确界定数字迁移点（见

图3-8）。

3. 在时尚行业，哪些变化将影响商业流程的规划和管理（最多三个选项）

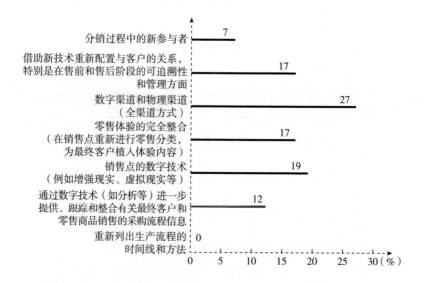

图3-8 时尚行业中影响商业流程规划和管理的变化

专题4

沟通流程规划和管理演进因素的识别

关于这一点，没有明显的趋同性，而是突出了几个因素：22%的公司认为共创现象的出现是最具影响的因素，另有22%的公司声称，作为客户参与的互动工具，手机将成为"移动"的核心。20%的受访者认为，基于数字化整合与客户关系而出现的多平台和多元营销受到了影响；而19%的受访者认为，对于管理社交媒体的基本原则，充分利用新技术提供更多信息的可用性至关重要；只有10%的人认为媒体内容的数字化设计才是重要的（见图3-9）。

一般来说，个性化、客户参与度和量身定制的促销无疑会提升对品牌价值的感知，同时不会忽视处理时间、响应能力和基于需求服务的速度和灵活性。此外，包括主动外联和沟通的可靠性和易懂性将是构建良好交互和客户服务的重心。在这里，更多的软技能，如同理心、个人关注度和表达的清晰度将成为关键因素。

4. 在时尚行业，哪些变化将影响沟通流程的规划和管理（最多三个选项）

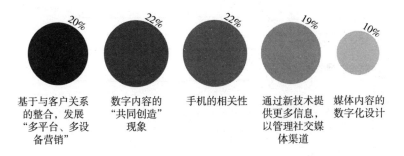

图3-9　时尚行业中影响沟通流程规划和管理的变化

专题5

时尚供应链中数字化技能缺乏的识别

根据问卷答案的分析，人们认为上游的时尚中小企业（50%的受访者）通常缺乏数字技能，制造企业（22%）和专门从事原材料加工的企业（21%）也需要强化数字化技能。

中小型企业更有可能面临财务问题，这些问题使其难以做出支持数字化的决定，因此放慢了行动速度。尽管数字化项目的成本仍在合理范围内，但是给人的印象仍然是这些成本远高于收益。数字化解决方案现已成为保持竞争力的必要条件。隔离和居家办公使数字化成为人们关注的焦点，非集中式的工作特别清楚地表明，在公司内部建立信息网络和沟通至关重要。因此，新应用程序的使用和居家办公专业知识的开发应该仍然是每个公司未来关注的焦点（见图3-10）。

5. 您在时尚供应链的哪一步发现了数字技能方面的差距 (特别是信息通信技术的有效使用) (最多三个选项)

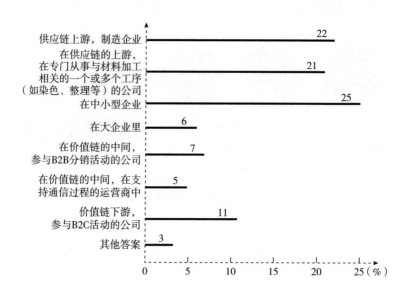

图 3-10　时尚供应链中数字技能方面的差距

专题6

对自己公司内部数字技能优先地位的认识

根据访谈结果，无论其核心业务是什么，受访者认为营销流程中对数字技能的需求更为迫切（60%的受访者），其次是产品开发、物流和生产（54%的受访者）。

考虑到受访公司的核心业务，可以强调在感知优先级方面的一些差异，特别是：

● 以产品为导向的公司认为重点在于产品开发（72%的受访者）和营销流程（63%的受访者），其次是产品设计和创意（41%的受访者）。

● 零售公司认为，重点是营销流程（55%的受访者）和产品开发（52%的受访者），其次是信息和支持服务（分别为36%和39%的受访者）。

● 以信息为基础的公司认为，主要优先考虑的是支持功能（70%的受访者），其次是信息和产品开发（50%的受访者）。

根据数据，可以说，平均而言，人们对代表公司核心业务的哪些方面有了更广泛的认识，而所有业务集群都认为，最高管理层并没有优先考虑公司经营管理流程。此外，基于生产的公司表现出只关注生产流程的意识，而零售型的公司则表现出更广泛的认知，因为在它们的领域内，许多流程是通过实施不同的特定功能而趋同的（见图3-11）。

未来能力：创造力和设计力

6. 您认为贵公司哪些流程最需要数字化技能（最多三个选项)

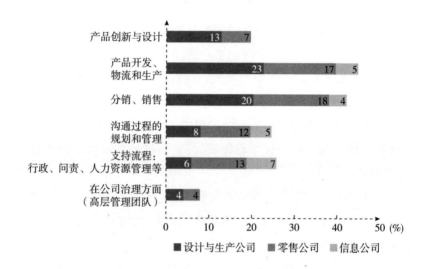

图 3-11　公司中最需要数字化技能的流程

专题 7

对公司内部最有价值的数字化技能的认知

根据问卷反馈的分析结果，受访者认为，独立于公司的核心业务能够为业务流程创造更多价值的数字能力将是：

- 创建数字内容的能力（54%的受访者)
- 数据管理的数字素养（52%的受访者)
- 数字交流沟通能力（50%的受访者)

就受访公司的核心业务而言，可以强调在优先地位认知方面的一些差异，特别是：

- 生产型公司对数字内容创作表现出更大的偏好（66%的受访者），这意味着他们在通过社交媒体等最常用的数字平台传达一般设计的内容方面仍存在差距。

- 基于零售的公司对数字内容创建的考虑较少（39%的受访者），而对数字安全流程则更感兴趣（39%的受访者与30%的独立受访者）以确保更大范围的端到端、优化和高级分析。

- 基于信息沟通的公司在数据、工具和环境保护方面表现出强烈的数字素养趋同（80%的受访者），而数字安全和数字内容创建似乎并不是创造最高价值的领域（两种情况下都有20%的受访者）。

7. 您认为，无论公司流程如何，哪些数字化技能将为公司带来价值（最多三个选项）（见图3-12）

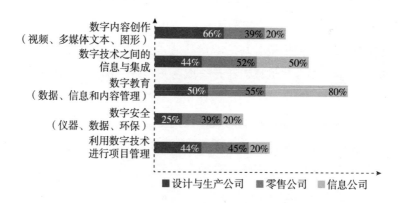

图3-12　为公司带来价值的数字技能

专题 8
对公司内部数字技能的评价

这个问题与前一个问题密切相关，因此根据问卷结果，目前许多公司内部比较缺乏的、同时也是它们所希望拥有的是数字能力。数字通信能力是那些以生产为基础的公司希望拥有的能力，它们认为在创建数字内容方面缺乏这些能力。基于零售业的公司在数字信息沟通、数字素养和数字安全方面的能力稀缺，尽管其评价值处于中高区间（5.82~5.97）。不同的是，这些公司对拥有数字项目管理能力有信心，其评价值为6.45。基于信息沟通的公司在数字内容创建方面的评价值非常高（7.60），与所在组群的平均值相比，数字安全方面的评价值则相对较低（5.80）。

考虑到总体平均水平，与零售型公司相比，生产型公司自我评估的数字能力较低，平均评价值为4.54，区间范围为1~9，零售公司为6.05。如果我们只考虑那些高度关注工艺、专有技术和产品的传统公司，即产品通常无须代言，那么这似乎是合理的。如今，信息沟通是争取客户信任产品（从而信任品牌）的关键，这表明人们已经认识到需要在数字能力方面进行培训，特别是在销售链的前端，在这里品牌与客户建立联系并有机会通过数字平台和产品推介的方式与其建立稳定的销售链。正如预期的那样，基于信息沟通的公司在数字化方面似乎更先进，其评价值达到6.72（见图3-13）。

8. 采用1~9分制（1=低技能， 9=高技能）
您如何评价贵公司目前在以下方面的数字技能?

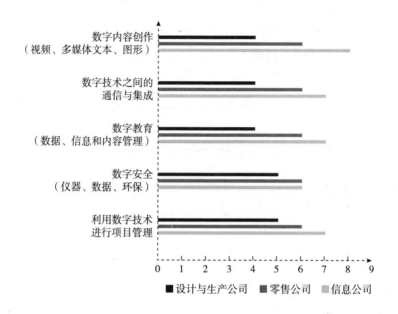

图3-13 公司当前数字技能的评级

专题9

基于公司内部数字化培训和创新导向的数字化企业文化评估

根据反馈，虽然大多数公司都认为自己出于竞争原因依赖先进技术，并不断改进数据管理和共享流程，但是很少有公司会为数字化培训安排具体预算。总体来看，当我们谈论供应链多个层面的创新时，出现的情况是，专业人士认为的进展阶段主要是由信息和零售公司感知的，以产品为基础的公司仍然要

未来能力：创造力和设计力

意识到可以引入的数字创新，特别是在涉及营销和客户关系时，还要为这些领域的发展提供额外的预算拨款（见图3-14）。

9. 按照1~9分制（1=不同意，9=完全同意）
您如何评价下列叙述？

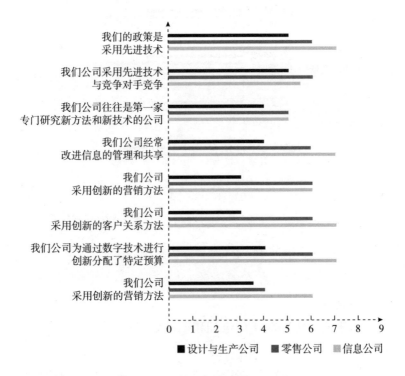

图3-14 公司当前数字状况的评级

专题 10~11

对于应聘工作岗位的年轻毕业生的数字能力评估

根据问卷反馈分析，年轻毕业生缺乏的主要数字能力包括：通过创新技术进行项目管理（54%的反馈），其次是数字安全管理，特别是与数据和环境保护相关的数字安全管理等方面（46%的受访者）。当设计作为核心课程时，创新管理能力更不可忽视，初创企业和中小企业在市场中占有很大份额，而它们所处的背景并没有显著的有形资产。此外，这些年轻毕业生所处的现实通常是没有背景，并且经常在变化迅速的技术环境中工作。因此，年轻的专业人士应该能够使控制管理事项条理化，并能够管理操作工作绩效监控系统，以确保公司的生存和发展，对应届生招聘比例如图 3-15 所示，毕业生资料中缺少的技能如图 3-16 所示。

10. 贵公司最近是否对应届毕业生进行招聘

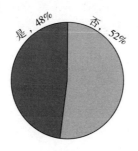

图 3-15　最近实施了招聘流程的公司

11. 在最近的招聘中，毕业生的简历中缺少或缺乏哪些必要技能（最多三个选项）

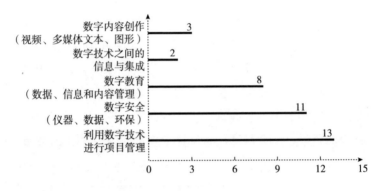

图 3-16 候选人资料中缺少的技能

专题 12

采用的培训方案

根据问卷反馈分析，42%的受访者对组织任何培训计划都不感兴趣，而34%的受访者采用了基于软件的方案，专门关注有关单位使用软件的数字技能。在内容制作能力方面，只有6%的受访者进行了培训，而10%的受访者仅有关于信息、交互和数字文档制作的软件培训计划（见图3-17）。

12. 在过去 24 个月内，您是否为员工开展了有关数字技能的培训课程（最多三个选项）

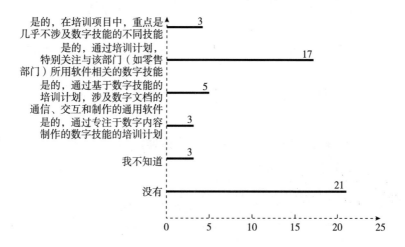

图 3-17　公司对数字技能培训课程执行情况的反馈

专题 13
确定未来主要发展前景

对于 58% 的受访者来说，未来的时尚公司将是一家媒体公司，这意味着随着对时尚周期的重新思考和客户参与度在品牌战略中日益成为核心，时尚公司应该从产业链的底部开始重塑周期，并根据消费者需求调整生产。考虑到媒体的使用，这些结果很容易被理解。虚拟展示和社交销售只是媒体系统创新的冰山一角。与此相关，另外 50% 的受访者认为，未来的时尚公司将能够使用人工智能（AI）和其他先进技术全面掌握客户的购买行为。一份关于时尚未来的 CB Insights 研究报告（2020 年市场数据分析机构的调查）指出，更好的需求预测可以更有效地使用材料，减少资源浪费，这些技术可以改善的另一个领域是退货，这是目前时尚行业（尤其是电子商务领域）中一个重要的浪费源，借助数据和人工智能功能，零售商可以更有效地匹配客户的购物行为和偏好，从而潜在地减少整体退货数量（平均而言，在线购物退货率达 40%）。此外，46% 的受访者认为时尚公司的未来将依赖于不同材料的使用，并将通过技术与供应链中的外部合作伙伴建立充分的联系（见图 3-18）。

13. 未来的时尚公司（最多三个选项）

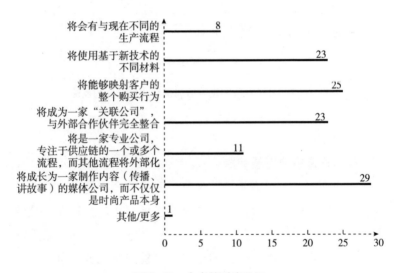

图 3-18　未来的时尚公司

此外，此项调查还进行了相关分析，以调查变量之间是否存在显著关系：

"公司规模"，以确定小型、中型和大型企业之间可能存在的联系，并确定与数字技能使用相关的因素和发展前景。

"公司有效的流程"，以了解传递与识别有关数字技能使用的演进因素和发展前景之间可能存在的相关性。

"采用培训计划"，旨在明确培训计划的实施与识别进化因素和前景之间的最终关系。

通过相关性分析，可以概述以下发现：

按公司规模大小进行的分析没有提供任何特异性，群组型中型企业在反馈中呈现出特殊性。据调查显示，反馈的中型企业数量非常有限，因此，被认为不具有统计学意义。

相反地，按业务流程进行的分析强调了几个有趣的因素：

• 零售公司比其他公司更相信，在销售点使用技术将是变革的主要因素。

• 在对数字技能最有价值领域的看法上存在显著差异：生产型公司认为是数字化内容，零售型公司认为是计算机使用和信息沟通能力。

• 关于数字商业文化中的数字技能，以产品为基础的公司自我评估的价值低于基于零售、信息的公司。

• 强调了基于零售、信息的公司在为年轻毕业生创建数字内容方面缺乏能力。

在本分析中，我们强调了一个主要的局限性，即信息公司的受访者数量减少会降低解释任何特殊性的意义。

培训方向的分析显示出显著的特殊性：

• 以培训为导向的公司强调 3D 打印和新软件是生产变革的一个重要因素，连同两个集群共有的数字化设计是相同的。

• 以培训为导向的公司认为，业务流程主要受相关购买行为信息可追溯性和整合的影响。

- 以培训为导向的公司认为，在交流沟通过程中对数字技能的需求更大，而不以培训为导向的公司更需要创意和设计产品。

- 以培训为导向的公司更需要数据管理方面的数字素养，而非培训导向的公司则更需要的数字内容创建技能。

- 非培训型公司认为它们的数字素养水平低于培训型公司。

- 对于以培训为导向的公司，电子技能是项目管理和安全的优先事项；而对于非培训导向的公司来说，数字内容创建的电子技能是一个优先事项。

- 对于培训型公司，未来的时尚公司将主要是一家媒体公司，对于非培训型公司，它将是一家网络公司。

3.4.2 启示

考虑到调查的整体结果，我们可以得出 5 个重要的启示：

（1）媒体公司的数字化设计

公司意识到数字内容创建和管理流程的能力是有限的，因此相信在未来，数字内容创建将成为媒体公司的核心，并越来越为媒体公司所关注。出于这个原因，有必要评估公司在该领域的专业水平，并为新老员工开设培训课程培养这些技能。

（2）生产过程中的新范式

从精益生产到按需生产，对在生产过程中实施的根本性变革已达成普遍共识。一方面，这些变化基于新技术；另一方面，基于不同的流程管理模式，这要求中级技术专业人士具备深厚的数字素养。数字化能力将成为这些人员未来能力素养的核心，因此为新的生产技术人员和产品经理提供相关培训课程被认为是合理的。

（3）全渠道网络的信息管理

未来将以日益系统化的终端客户的信息管理为基础，公司意识到目前在管理和共享这些信息方面缺乏相应的专业知识。因此，为中心职能部门和销售点专业人员提供能够加强其固有技能的培训课程被认为是合适的。

（4）数字素养和意识作为核心业务的先决条件

目前，鲜有公司开始为员工开设数字培训课程，而且那些提供课程的公司也大多仅侧重于特定用途软件的应用培训。我们认为，有必要促进公司领导对数字培训的重要性和中心地位的理解，并将其作为公司竞争力的基本工具。

（5）一个行业，两种速度

分析表明，时尚行业里公司采用"双速"模式：进行培训的公司与没有培训需求的公司的数字化能力发展是不同的，建议在开发能够应对不同需求和填补差距的培训项目时考虑这一特殊性。

3.5　访谈：样本选择和结构

为了更深入地了解企业如何面对缺乏数字化能力的问题，DigiMooD 联盟决定选择并采访 12 家公司，其中有 6 家意大利初创公司和 6 家法国公司，这些公司因成功采用数字化创新而获得认可。其目的是从较为全面的角度获得定性的深入了解，强调创新参与者如何在其商业模式中引入数字化技术。此外，由于专家们在不同类型的数字化服务、能力和职业方面拥有丰富的经验，因此访谈能够进一步探索最需要的能力，从而构建市场的真正需求。虽然本次访谈并不能详尽地反映行业的实际状况和需求，但是它涵盖了被视为未来时尚数字资产的主要领域，并且考虑到了专注于这些有良好发展前景领域的创新型商界领袖的观点。

从方法论的角度来看，问卷的结构是以开放性问题为基础的，从有关公司已有的客观数据和程序的较一般性问题开始。这些问题对于全面了解目标公司是非常必要的，然后通过以下问题关注受访者对当前流程及未来发展可能性的认识，特别是对技术与不同平台的市场应用或进一步发展方面的看法。

因此，采访的最初部分由介绍性问题组成，旨在通过其核心业务整体性地了解目标公司。随后，采访力图调查该行业可能更感兴趣的演进趋势。

下一步是调查受访者对公司现有数字能力水平（或缺乏）的看法，然后将视野扩大到整个时尚供应链。随着访谈的进一步深入，探讨受访者对数字化能力发展的认知以及企业文化赋予创新的态度。这使我们能够参考特定公司和整个行业来探究它们对专业知识的需求、现状以及流程、数字技能和价值创造之间的关系。最后一部分侧重于构想未来的发展前景，以了解有关时尚行业的优先发展轨迹是否存在主流认识和观点。

3.5.1 示例：意大利最佳实践

意大利公司的选择包括主要关注 B2B 问题并与零售商和品

牌公司有直接业务往来的初创公司，他们的见解对分析至关重要，可以凸显共性并表明新专业人员所需能力的差距。以下是接受采访的公司名单。

公司：　　Stentle

地点:　　米兰，意大利

网站：　　https：//www. stentle. com/

规模：　　10 人以下

描述：　　Stentle 创建了一个集成平台，能最大限度地减少零售商的工作量，通过简单的界面提供全渠道体验

类别：　　市场开发和零售

创新优势：**全渠道整合**。开发的 IT 解决方案称为 Just Commerce，是面向连锁店、购物中心和商圈的云解决方案。它创造了一种无缝体验，使商店能够对数据进行实时监控

受访者：　阿列克西奥·卡萨尼（Alexio Cassani）

职位：　　首席执行官兼创始人

公司：　　Italian Artisan

地点：　　波尔图雷卡纳蒂港，意大利

网站：　　http：//www. italian-artisan. com/

规模：　　10 人以下

描述：　　Italian Artisan 创建了一个 B2B 平台，以优化意大利制造商和希望在意大利手工制作其产品的品牌之间的联系

未来能力：创造力和设计力

类别：　　产品开发和创新

创新优势：**采购和上市时间**。专利平台允许品牌上传设计、
　　　　　接收样品和生产报价，然后直接、即时地与意
　　　　　大利工匠取得联系并制作系列产品

受访者：　大卫·克莱门托尼（David Clementoni）

职位：　　首席执行官兼创始人

公司：　　ELSE Corp Srl

地点：　　米兰，意大利

网站：　　https：//www.else-corp.com/

规模：　　10~15人

描述：　　ELSE Corp Srl 围绕单一平台创建了一整套服务，
　　　　　通过直接面向消费者的方式，加速了时尚行业
　　　　　向"产品即服务"模式的转型，得益于产品定
　　　　　制和个性化过程中的自动化和民主化，以及针
　　　　　对定制零售的工业方法

类别：　　产品开发和创新

创新优势：**加快开放式创新**。ELSE Corp Srl 通过开放式创
　　　　　新和与行业领导者的合作重新定义时尚行业的
　　　　　价值链，更不用说开发可持续、透明和可追溯
　　　　　的技术和业务流程了

受访者：　安德烈·戈卢布（Andrey Golub）

职位：　　首席执行官兼创始人

公司：　　1TrueID

地点：	基亚里，意大利
网站：	http：//1trueid.net/
规模：	10 人以下
描述：	1TrueID 通过一个简单免费的移动应用程序，创建了一个用于真实性验证、所有权声明和社交共享的专利系统
类别：	产品开发和创新—市场开发和零售产品可追溯性
创新优势：	**产品可追溯性**。该技术希望通过围绕产品可追溯性发展故事的讲述来克服假冒产品，旨在与用户建立直接联系并进行数据统计
受访者：	弗斯托·基帕（Fausto Chiappa）
职位：	首席执行官兼创始人

公司：	Mon-Style
地点：	维也纳，奥地利
网站：	https：//monstyle.io/
规模：	10 人以下
描述：	Mon-Style 创建了一个数字购物助手系统，该系统使用人工智能和数据来正确引导用户获得个性化的客户体验
类别：	信息规划和管理—市场开发和零售
创新优势：	**个性化的客户旅程**。该技术通过创建交互式解决方案，以赢得客户的忠诚度，创建预测性解决方案，以提高忠诚顾客的转化率并减少客户

流失，并创建数据驱动型解决方案，以实现定
制化的用户体验

受访者： 斯蒂芬·卡纳（Stephan Karner）
职位： 首席执行官兼创始人

公司： Askourt
地点： 荷兹利亚（IS）
网站： https：//www.askourt.com/
规模： 10人以下
描述： Askourt 创新了电子商务商店、客户及其社交网
络的连接方式。它使顾客能够在网上购物时通
过即时通信平台联系他们的朋友，而无须离开
店铺的网站
类别： 信息规划和管理—市场开发和零售
创新优势： **社交商务**。Askourt 通过增加对社交平台的使用
来接触人们，从而增强了客户的购物体验，这
也将品牌与新的潜在受众联系起来，提高了在
线商店的转化率
受访者： 奥菲尔·劳尔（Ofir Laor）
职位： 首席运营官

3.5.2 示例：法国最佳实践

公司： TEKYN
地点： 巴黎，法国
网站： https：//www.tekyn.com

规模：　14 人

描述：　TEKYN 是技术支持的纺织品按需制造的一站式商店，它最终将成为一个连接时尚品牌、纺织品供应商和服装制造商的市场

类别：　产品开发和创新

创新优势：**按需时尚制造。** TEKYN 将中央高科技自动化预生产车间的优势与法国或者立即与欧洲制造商互联网络的生产能力相结合，TEKYN 为客户品牌提供 5 天的生产交付周期，目标是 2 天交货

受访者：　多纳蒂安·莫特曼（Donatien Mourmant）

职位：　联合创始人

公司：　XL CONSEIL

地点：　博伊斯科伦坡，法国

网站：　https：//www.xlconseil.com

规模：　5 人

描述：　XL CONSEIL（XLC）是一家专门为纺织品、服装、零售和时尚企业进行组织、信息系统和物流等方面咨询的公司

类别：　产品开发和创新—市场开发和零售供应链管理

创新优势：**供应链管理。**XLC 选择、设计和实施企业资源计划（ERP）和其他工具，以帮助各种规模的时装公司提高从采购到零售的整个供应链和产品生命周期管理的效率。由于他们长期的经验

和对行业的专注，XLC 可以定制从奢侈品到大众市场的全系列客户类别及现状的数字化咨询系统

受访者： 洛朗·拉乌尔（Laurent Raoul）

职位： 副首席执行官兼创始人

公司： OUEST DEVELOPEMENT/NEATEK

地点： 勒切斯奈，法国

网站： http：//www. neatek. fr

规模： 3 人

描述： OUEST DEVELOPPEMENT/NEATEK 在公司中实施 2D 和 3D 软件。他们为高级定制类时尚企业和其他软件应用程序提供创新解决方案，并在 3D 扫描技术方面提供咨询和协助

类别： 产品开发和创新

创新优势： **风格和贴合价值链。**一种全自动应用于设计定制服装的解决方案，包括使用平板电脑上的订单配置程序的销售支持工具

受访者： 休伯特·菲德斯皮尔（Hubert Federspiel）

职位： 副首席执行官兼创始人

公司： THE OTHER STORE（Oz）

地点： 巴黎，法国

网站： www. the-other-store. com

规模： 100 人

描述: 高端时尚品牌的电子商务和市场平台的开发和服务

类别: 市场开发和零售

创新优势: **全渠道**。Oz 设计并实施定制/高级解决方案，把在线销售与现有商店网络相匹配，并为消费者提供所需的全球无缝体验。Oz 负责商家网站设计和为完整的下游物流和售后服务

受访者: 亚恩·里沃兰（Yann Rivoallan）

职位: 联合创始人

公司: REALITY

地点: 巴黎，法国

网站: https：//www.reality.fr

规模: 2 人+3 名实习生

描述: 增强现实/虚拟现实（AR/VR）。代理机构与信息规划和管理、市场开发和零售领域的奢侈品客户以及时尚行业的一些客户合作

类别: 信息规划和管理—市场开发和零售

创新优势: **增强现实/虚拟现实**。REALITY 掌握了为消费者设计和制作沉浸式体验的最新技术，并通过社交网络和其他媒体进行传播

受访者: 安托万·伯纳德（Antoine Bernard）

职位: 首席执行官

公司: DACO

地点：	文森斯，法国
网站：	https：//www.daco.io
规模：	3 人+2 名实习生
描述：	DACO 为客户品牌提供竞争力分析，并对品牌的市场愿景提供有利于竞争对手的时装系列和产品清单
类别：	市场开发和零售
创新优势：	**混合设计**。人工智能使 DACO 通过分析产品供应、广度和深度、价格定位和其他因素来确定每个客户品牌和竞争对手的市场地位，从而确定最佳产品策略并提高销量
受访者：	保罗·穆吉诺（Paul Mouginot）
职位：	联合创始人，销售主管

3.5.3 访谈分析

本段将重点介绍从访谈分析中得出的几个主要概念。

（1）未来的时尚公司

采访中出现了两种不同的观点：受访者认为，通过使用社交网络等数字化平台，已经专注于产品开发和零售的品牌公司将成为内容传播和信息方面的专家。这将使它们成为未来的媒体公司。还有一个广泛的共识是，专业公司之间的界限将变得越来越模糊，协作将成为应对行业挑战的关键策略：公司网络似乎更能适应不确定和不稳定的市场环境。

（2）关键的数字素养需求

据受访者称，时尚行业在数字工具的实施方面似乎落后于其他行业，而对原材料供应商、中小企业和更高的管理层关注度反而更高。特别是制造企业在整合数字工具方面的进展缓慢，阻碍了正在缩短创意和生产周期变革的进程，也限制了将市场分割成更多利基市场的需要。这些进展表明，急需整合集成每个流程中的数据，并可以为客户和供应商提供可靠的信息来源，将成为取得成功的关键性因素，同时还强调，有必要在公司内部制定更好的培训政策。从采访中可以看出，为了满足这一需求，一些公司除了跟进专家团队外，还使用可用的 YouTube 视频来培训新员工或实习生；同时，这些公司还强调了对新员工进行培训的必要性，包括培训内部可用的最新技术及其在时尚领域应用的可能性。

（3）行业未来的关键技术

关于产品创新和开发的流程，共同的愿景是通过明确流行趋势和根据预测提出量身定制的个性化系列产品，更好地利用数据作为新的意义上的创新来源。在制造业的背景下，数据对于按需生产和协作网络也至关重要，区块链也被视为未来几年建立在物流和全流程中清晰、易懂且具有可追溯性基础上的关键技术。

此外，零售业务中预期的主要发展是全渠道方法的推广，通过与社交媒体的资源整合，使在线销售和实体店成为一个统一的实体。最后，产品宣传、推广工具将以移动为中心，销售信息将越来越针对不同的细分市场，这促进了零售领域"多平台多途径营销"的出现，能够从数字化无缝过渡到实体模式。

（4）应对不断变化步伐的多学科方法

有了数字创新，世界会以更快的速度发展这一假设，初创

未来能力：创造力和设计力

企业和公司都对新的专业人员抱有很高的期望。未来的工作者必须将设计和技术能力结合起来，才能在短时间内解决复杂问题，并与其他人合作实现共同目标。他们对现有网络的依赖以及他们对市场状况的了解将是他们在职业生涯中前进的重要资源。这些新的专业人员需要根据不同主题的复杂性接受培训。因此，工作岗位将越来越具有跨学科性，并且会涉及各个专业领域的特定技能。在面试中最受欢迎的技能是结合了时尚敏感性、项目管理、成长型黑客和商业开发等市场信息统筹的综合技能。唯一的例外是技术性极强的角色，如人工智能、机器学习、深度学习和自然语言处理等方面的专家。这些必须专门用于特定的任务，但通过所谓的软技能来应对社会的各个方面仍然是非常必要的。

（5）机器不会赢——就目前而言

总之，数字工具将帮助品牌公司及其员工预测趋势、确定最佳生产数量并实施更有效的生产规划，物流将更易于管理，新的数字界面将被许多品牌所通用，客户服务将为线上销售活动提升价值。尽管如此，人类的重要性仍不容被低估，没有任何业务会自动进行，因为创意方面仍然与人相关，而不是完全委托给机器。人类必须充分利用机器，依靠不断地学习，在市场上找到最佳的解决方案，并将其加以充分利用。优化将成为未来公司的口号，因为员工将尽力实现自己知识的最大化，并节省执行任务的时间，他们需要利用丰富的软件技能相互协作，并且无法逃避这一点，因为数字化正在成为任何想继续生存下去的公司的基石。因此，新进专业人员的软技能将继续受到所聘公司的高度重视，并被不断挖掘培养，这里的主要原因是人类的互动性和社会性将仍是有价值的。

3.6 DigiMooD 框架

本章描述的研究和合作创造活动使 DigiMooD 定义了一个主要区分创意、商业和技术三个领域的能力框架（见图 3-19）。这些领域是结合调查和访谈的结果得出的，同时也将一手资料与文献中的分析相结合。本段最后介绍了能力框架，首先解释了三个领域，其次详细说明了具体的能力。

在我们的分析中，创意数字能力领域已经成为一种普遍的跨学科能力。近年来，数字技术提供的可能性进一步丰富了这一领域，为发现、制作原型和交流商业机会开辟了新的视野。事实上，技术进步为人类通过创造力驱动的创新性产出提供了新的环境和工具。因此，这一能力集群将实验能力视为其子领域之一，既包括数字工具和手工技能的混合（数字实验），也涉及虚拟领域本身的开发方向（数字模型）。在当前不确定性的背景下，数字工具可用于与特定区域产生共鸣，试验新兴技术并响应公司的转型需求。框架所指的创意模式的思维方式与超越当前实践、并以其为基础进一步加强并进行改革创新相关（莫塔蒂和贝托拉，2020），这意味着被开发的技能必须相互关联，并适应尚未了解其特点的不同实际情形。

在创意能力中，另一个领域是交流沟通，涉及研究、理解和向最终用户传达公司文化背景、价值观及其信仰的能力。特别是在数字环境中，这些技能涉及使用最合适的媒介（数字叙事和媒体素养）、组织内容以及管理客户与品牌之间的互动

● 技术的

分析与数据管理
大数据管理
管理具有业务价值的大量、快速且复杂的数据。
数据可视化
以有意义的方式可视化数据，能够传递特定的信息。
数据分析
发现、解释和交流数据中有意义的模式。
隐私
保护信息系统免受其所包含的硬件、软件和信息损坏的能力。

数字化制造
CAD与三维建模
通过使用CAD技术创建数字3D模型
增材人技术
了解并能够使用的计算机数控的工具和工艺。
机器人
在人工制品制作过程中管理、维护和使用机器人。

算法设计与编码
自动化
了解和理解自动化过程，能够自动化程序。
物联网
了解基于IoT的系统架构。
虚拟现实与增强现实
了解VR和AR技术，并能够通过使用这些技术开发沉浸式体验。
人工智能
理解并编程智能机器算法的结构。
云计算
使用云计算应用程序的优势

● 商业的

网络管理
电子协作与虚拟交互
学生能够使用信息与通信技术工具支持协作工作。
创建网络（社交网络）
管理和能够理解社交网络同汇；学生知道为什么社交网络和网络是有价值的。
数字保存
管理和创建公司遗产档案，能够利用与识别通过数字技术对网络存档进行价值评估。
数字叙事
灵活地以技能和便捷的方式对各种行角色、行动或活动，并能快速有效地在角色、行动和活动之间同转换。
社交媒体趋势
通过使用社交媒体了解行业趋势

战略规划
在线业务
了解数字商业模式的动态，并能够制订在线业务发展计划。
创新战略
更新最新的可用技术，并能够识别产品、服务和客户体验的新用途。
数据驱动决策
使用数据和见解作为发展理念，在实践中确定其有效性，并做出业务决策。

物流管理
供应链管理
积极精简企业的供应方活动，使客户价值最大化，并在市场上获得竞争优势

● 创造性的

沟通
媒体素养
搜索、扫描和组织信息。
内容负责人
能够管理内容、品牌传承和归档。
数字保存
管理和创建数字化技术对遗产进行价值评估。
数字叙事
通过数字渠道进行沟通。
社交媒体趋势
通过使用社交媒体了解行业趋势

实验与原型
数字实验
使用数字工具试验创造材料和新用途。
数字模型
在虚拟环境中进行构建和分析的能力，由生产和机器执行，允许在生产前进行组件之间同的模拟和交互

参与
心理体验
创造一种融合物理管理和数字维度的体验。

图3-19 DigiMooD能力框架

（内容策划和社区管理），可以通过社交媒体平台识别趋势（社交媒体趋势），并能够利用这些知识通过数字技术（数字保存）重新诠释品牌价值。

最后一项创造性能力是参与，它与使用物理和数字接触点在人与技术之间建立有意义的交互媒介有关。这里的"实体数位化体验"能力特别关注的是零售和销售领域，旨在超越物理和数字空间之间的界限，创造无缝体验。

我们的研究也高度强调数字商业能力的价值。在颠覆性转型和大幅削减预算的时代，这些被认为是企业可以为人类和社会带来附加值的核心。由于这些原因，商务领域更注重创造更广泛价值的能力，而不仅仅是通过数字活动来增加收入。

战略规划部分特别关注基于大数据集分析的新决策模型（数据驱动决策），创建在线业务发展计划（在线业务）以及采用最新技术来构想新的数字场景的能力（创新战略）。

另一个领域（网络管理）侧重于虚拟关系管理能力（电子协作和虚拟交互），意在打破物理障碍和所谓的"孤岛思维"，鼓励跨部门和团队的协作（创建和管理网络），跨地域进行招聘，并在总部以外设立分支机构，增加了角色之间转换的灵活性和可能性（组织灵活性）。

最后一个领域（物流管理）涉及通过关注价值链中与供应商的关系来组织建设公司基础设施的能力（供应链管理），增加从创建阶段到最终销售阶段的资源、产品、交付的可追溯性。

为了能够充分利用当前的数字化转型，还必须培养技术能力，特别是了解如何掌握数字颠覆性技术（如物联网、增强现实、人工智能和云计算）的相关技术能力。

先强调数据分析和数据管理的重要性，因为与数据分析和管理（大数据管理）相关的能力，特别是可视化（数据可视化），被认为是最为相关的因素。尽管永远不要忘记与身份保护（隐私）相关的重要方面，但是发现、解释和交流数据中有意义的模式（数据分析）将至关重要。另一个领域（数字制造）涉及通过数字生产工具（如 CAD 工具和 3D 建模）进行创作，也包括使用数控机床（数字制造）乃至机器人技术。最后一个领域（算法设计和编码）涉及编码语言的知识，其中决策和活动可能会在未来由算法和自动化过程进行（自动化）指导。在这里，了解使用物联网的系统架构，使用虚拟和增强技术、人工智能和云计算开发沉浸式体验，将是许多工作岗位的基本能力。

3.7 讨论、局限和未来发展

已开发的框架确定了一组能力，这些能力可以在不同的专业程度下混合，以创建不同的应用范围。第 5 章提出了如何混合这些能力的示例。事实上，所提供的列表不应被视为一个人同时掌握的能力要素的综合清单，相反地，它为行业和培训机构提供了指导：在第一种情况下，它帮助它们在新员工已有的能力范围中选择它们正在寻找的能力，它指导建立创新的或修改现有的教育路径，用以创建为未来工作做好准备的相关专业人员队伍。

在第二种情况下，多学科性和开放性已成为我们分析的基本因素，作为学生应该学习如何为行业带来创新的环境特征。

此外，在这些环境中，年轻的毕业生应该学会如何通过设计思维来推动创新，逐步提高对规划复杂项目的能力。如此解释，职业能力需求的新趋势应该引导时尚公司进入一个新时代，成为数字创新的领导者。

首先，所提出的框架已经在一系列共创活动的研究中得到了进一步的测试，这些活动有助于加深理解。之后，对三个能力领域中的每一个领域的专家进行了访谈，以加深不同工作概况的含义和潜在的可能性。本分析的第二部分将在第 6 章进行描述和讨论。

其次，需要强调的是，目前的框架并非不受限制。尽管开展了广泛的研究，但是无论是从规模（小型、中型、大型）、特定市场领域（珠宝、服装等）还是生产特性（手工艺品、批量生产等）来看，仍可以做更多的工作来进一步适应和满足时尚行业不同的专业性公司所确定的技能需求。事实上，上述每一个领域或公司在能力需求方面都有其不同的特点，这些需求特点可以在这个框架的修改完善中进一步细化和明确。

最后，一个更加有趣的演进变化是对文化和创意产业的其他工业部门的框架进行验证和升级，研究和细化每个领域的能力需求，并使整个行业进入数字化转型时代。

第二部分

"创意产业的数字创业" 新课程

4

DigiMooD:
项目、目标、成果

保拉·贝托拉（Paola Bertola）、玛齐亚·莫塔蒂（Marzia Mortati）、安吉莉卡·万迪（Angelica Vandi）、安德里亚·塔维纳（Andrea Taverna）
米兰理工大学设计部

4.1 项目及其目标

DigiMooD 是一个由欧盟委员会在"创意欧洲"框架下共同资助的为期 28 个月的合作项目。该项目旨在开发和测试"创意产业的数字化创业"中提出的一套创新和跨学科的教育模块，具体应用于时尚公司的品牌和叙事策略，以及与之相关联的数字服务模式。事实上，时尚是欧洲的一个标志性行业，数字化转型正在影响欧洲的文化、社会和生产事务，从而推动公司寻求进一步的尝试和学习。因此，DigiMooD 利用了欧洲工业格局中的一个缺口：时尚行业的高度成熟使其容易受到新一代关键赋能技术（即数字制造、先进制造、可穿戴设备、传感器和嵌入式系统）的影响。这正在更新时尚商业模式、服务系统和消费习惯，使创造力、技术和创业技能得以交叉融汇，其意义深远。在过去的 15 年中，欧盟委员会和成员国为开发智能系统、智能纺织品、柔性和有机电子产品的项目提供了研发资金，并将重点放在小型化、集成化、交互性、联通性、驱动力以及促进未来工厂发展的数字化制造技术和流程上。该领域的研究主要由技术推动，而不是由设计主导，重点是技术的构建和平台的开发。因此，在探索设计创新方面还有很多工作要做，人们对数字技术（及其人性化）对整个时尚系统、供应链、商业和服务模式的影响缺乏了解。

这一行业的巨大转变进一步强调了对相关教育模式革新的必要性，据此，大学被要求开发新的专业课程和内容，以弥合市场需求和技能供应之间的差距。这是 DigiMooD 正常运行所依

未来能力：创造力和设计力

靠的第二个支柱，在传统行业与新数字模式之间的十字路口进行试验，做好准备以适应未来的实际工作。

零售业及其服务模式可以很好地说明这种时尚系统转型的多层次性，它们多年来一直在不断发展。作为接口，最初的商店由店主提供服务，一旦有人购买商品，即——回应并提供服务。相反，如今的购物已经在线上扩展，变得更加虚拟化和定制化，并为商品的"长尾"效应所困扰。零售业说明了数字智能用户（千禧一代）增长之前的变化规模和相应的机会领域：几乎每个向客户推荐商品的企业都应该具备数字体验，尽管它们中的大多数企业在这一领域几乎没有涉足。此外，技能型专业人员仍然主要缺乏熟悉市场和能为公司提出建议及指导，促进文化和创意产业（CCIs）的创新和发展潜力，提高他们的数字技能，并致力于培养下一代数字创意专业人员，使他们成为能够在这一成熟行业实现产业变革的跨学科的一代年轻人，这就是该主题的关键。项目联盟希望在进入就业市场后，这些人才不仅能够理解和部署数字创新支撑产业，同时能为欧洲可持续的经济增长不断做出贡献，因为他们将具有重要的国际影响力，并不会将其能力的发挥限制在各自国家的边界。

基于所述现状，主要项目目标如下：

第一，使艺术专业的学生在创意、商业和技术方面具备跨文化、跨创意领域、跨学科思考及工作所需知识和核心内容的融会贯通能力。

数字化正在深刻塑造文化和创意产业，为文化内容和商品的获取、传播和推广创造新的机会。这在需要理解和创造多渠道体验以取得成功的时尚和零售领域尤为明显。然而，目前这些领域的大多数课程只关注一个方面，即创造力或技术。此外，文化和艺术专业的毕业生很少具备全面的创业技能。该项目旨在通过以下方式填补这一空白：

直接实验、测试和验证涉及三个学科（艺术与设计、管理、信息技术）和创意产业的教学模块，与学生一起应对现实世界的挑战。

让来自三个不同学科的教授和研究人员直接参与，创造跨越学科知识交流的良性循环。

在所开设的重要课程中包括软技能，并为其教学制度化做出贡献，如解决问题和协作的能力。

第二，通过将创造力、商业和技术联系起来，提高艺术和人文学科教与学的质量及其相关性。

这三个领域与教学模块相互交织，通过与公司密切合作来设计和教授，以便为新的数字产品服务系统开发联合解决方案。此外，数字支柱已经向更多的受众开放，因为内容是通过混合方法提供的，包括慕课与实地项目、实习以及与真实公司共同开发的挑战课程的结合，这将为学生提供动手操作和应用/测试所获知识和技能的机会。

第三，在学生和教职员工中发展创新创业文化。

该项目特别注重培养创业思维和技能，特别是通过创造新的学习机会，让学生能够应对真正的挑战，这些挑战是文化与创意产业（CCIs）共同设计并实施完成的。课堂设置为小型、专业、多学科和国际化的团队，教师的目标是引导项目以实现新型服务、产品和原型的潜在商业化。

第四，通过整合创意教育、数字教育和创业教育，促进学科内和各学科间的创新学习环境。

高等教育机构和企业通过不断地交流，使开发的程序实现了迭代。这涉及跨学科和文化与创意产业（CCIs）内部的合作设计和共同进行实地研究，将这些经验充分嵌入学生的课程中，即实习和驻留可被视为完成课程的一部分而得到充分认可。此外，公司员工直接参与了教学，尤其是在实际挑战的课程后半部分。

4.2　方法论

整个项目采用的方法论的第一个重点是其强大的多学科属性。事实上，DigiMooD 联盟合作伙伴汇集了互补的能力来完成特定任务：意大利米兰理工大学和法国时尚学院是学术合作伙伴，为开发教育模块提供主要教学技能、教学创新、技术和创业经验，以及参与第一轮迭代教育课程。作为协调者的附属实体，米兰理工大学在会议、研讨会、同行学习、培训活动和传播行动中给联盟以支持；意大利时尚创业孵化器提供有关和文化与创意产业（CCIs）初创企业合作并给予它们扩大规模的直接知识和经验；第三产业行业协会及其附属实体提供了一个传统公司网络，以促进企业和管理能力的发展；教育评价专家协会（EeSA）支持在线教育内容的开发；Mammutfilm 作为视频文化运营商，提供与创意产业视频叙事相关的创新内容。这种能力的选择已经建立了一个小型的生态系统，其中学术机构（米兰理工大学和法国时尚学院）与富于创新的（FTA）初创企业和仍趋传统的公司（Assolombarda 和 École）为代表的行业密切合作，进而还得到了电子技能专家（EeSA）和创意文化公司（Mammutfilm）的支持。这使联盟能够在动态平衡中与不同的利益相关者互动，以测试和验证整个过程开发的流程和内容。

在短短两年多的时间里，该项目设计、实施、完成和评估了一套混合了创新和数字教学、学习方法的跨学科模块，在首次实验后，这些模块将与米兰理工大学和法国时尚学院开设的永久性慕课课程相结合，同时也向更广泛的公众开放。模块以混合模式提供，结合慕课，通过米兰理工大学开放知识平台（POK）和实地项目及实习推送，为学生提供应用和验证所获知识和技能的实践机会。最后，这为现有的课程提供了个性化学习（如使用慕课制定个人学习进度）的条件，并有助于解决问题、协作和创造力等软技能的培养和发展。

在活动的第一年，该项目的重点是明确文化与创意产业（CCIs）的数字技能差距，并将其转化为教育模块和整体课程。为了一以贯之，它选择协同设计方法，其目的是确保与外部利益相关者（行业）以及不同学科领域（设计、管理、信息学）之间保持互动和对话。通过与行业对话，研究联盟全面了解雇主和企业家的需求、他们对行业未来的愿景以及将其转化为能力的潜在可能性。针对不同的学科知识，项目以实现多学科性质为目标，尝试跨越传统的学术壁垒。第一年，这些活动平行进行（见图4-1）：组织了4个特定时刻与行业对话，即焦点小组、调查、深度访谈和涉及70多家公司参与的共创会议。所有不同类型利益相关者，从被要求提供具体内容的领域专家到米兰理工大学的教学和学习单位以及机构的决策者都积极参加了多次会议，并共同设计了未来要开设的教育课程。

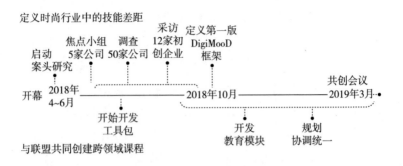

图 4-1 DigiMooD 第一年活动概览

　　该专题小组由第三产业行业协会（Assolombarda）组织，由协会和米兰理工大学参与，其目的是与选定的时尚公司代表会面和讨论。除了允许与该行业进行首次直接接触外，该活动还提供了一些初步见解，包括不仅需要了解由于数字化和新技术带来的更大变革，而且还需要在一些方面缩小和简化这一转变，使企业（尤其是小型和微型企业）可以在其现实条件下与之相适应，如帮助弥补新技术和手工制作之间的差距。

　　由此开发的调查和访谈包括一个定量调查和几个定性访谈。第一个涉及 50 家公司。第二个与 12 家初创公司、创新公司进行了交谈，讨论了六项意大利和六项法国最佳实践。这两项活动的目的是了解时尚行业传统与创新的交汇点，同时与该行业直接互动以评估研究假设。最后，项目第一年的工作以共创会议结束，该项目要求初创企业和传统公司共同参与一项旨在验证初步研究成果（技能差距框架），并为项目后续工作提供有意义的见解的创造性活动（将框架中的技能结合到实际工作中）。

　　在上述活动中，还通过案头研究主动搜索资源，建立相关

知识库。收集的所有研究结果都经过系统化分析，以详细阐述
DigiMooD 能力框架（在第 3 章中有详细介绍）。

获得定义后，数字技能差距已转化为多学科课程，并开发
了相关模块和慕课课程（在第二年的研究期间）。同样，内容
是共同创建的，但这次不仅与公司合作而且在不同学科领域之
间进行合作，以涵盖通常在不同学习路径中涉及的能力，即使
在同一所学校内也是如此。在这种情况下，与不同领域的专家
组织了几次会议，根据其专业知识和时尚行业的反馈共同制定
了能力结构和要开设的学习课程。在这个共创过程中，Digi-
MooD 联盟还吸收了米兰理工大学的教学和学习部门的 METID
学习创新团队，与他们共同开发最好的工具来支持教育模块的
设计和开发流程。

最后，为了将 DigiMooD 的教育模块与两所合作大学目前开
设的硕士学位课程相结合，米兰理工大学和法国时尚学院的决
策者也积极参与其中。

在最后一部分，教育模块已经为第一批学生所使用，并对
其有效性及其在整合融入真实学习环境时的相关性进行了评估。

4.3　慕课课程：方法和工具包

DigiMooD 一贯的行动之一是开发慕课，这不仅是当前教育
模式的整合，而且将其作为时尚设计师在教育路径中尝试新形
式和新方法的机会。慕课，即大规模开放在线课程被选为该项
目的具体形式之一，通过平台推送一系列结构明晰的教育资源，
可以帮助学生在课堂上尝试不同的学习节奏。因此，这种形式

未来能力：创造力和设计力

对于提供研究框架中强调的一系列跨学科能力至关重要（如第3章所述）。表4-1中报告了制定的专题和慕课的最终列表。

表4-1　作为部分 DigiMooD 课程而开发的慕课列表

MOOC 1—数字时代的 新商业模式和创新创业	第一个慕课模块是一个入门模块。它探讨了企业如何应对信息和传播技术（ICT）的转型，更广泛地说，是如何应对数字创新。在过去的数十年里，创意和文化产业确实创造了新的商业模式，其中技术已成为产品、企业和消费者之间关系的主要载体，这些新技术不仅需要在个人层面上，而且还需要在文化和经济交流过程方面进行变革。技术使客户能够做出更明智的决策，获得更有针对性和更有益的产品，并获得更快捷的服务。在这个新的生态系统中，企业在数字空间中建立和共享其品牌形象，同时尝试吸引消费者和建立客户社区
MOOC 2—创意产业的 数字供应链生态系统	在本模块中，重点是供应链流程，尤其是如何在技术的支持下实现更高的效率和效益。为了理解本次慕课中新的电子供应链解决方案，我们分析和探讨了采用技术的主要障碍，以及能够积极影响其推广普及的主要推动因素和益处。此外，还考虑了供应链管理的所有相关步骤，包括上游部分（就与供应商的关系而言）、仓储以及下游部分的物流
MOOC 3—CCIs 的 内容品牌和数字宣传	文化创意产业是表达和实验不同渠道和媒介的促进领域。新技术也增加了各种潜在价值和管理它们的复杂性，该模块旨在了解数字媒体转型为品牌传播带来的趋势，从而能够选择正确的策略和相应的工具。慕课探讨了信息通信技术（ICT）的发展如何对品牌战略产生重大影响并提供基础知识，以在新数字媒体的支持下围绕理念和想法构建强有力的品牌宣传

108

MOOC 4—CCIs 的 零售和服务体验设计	该慕课模块的目标是调查和说明文化及符号程序是如何在支撑数字网络的散发性和多维关系中转型变化的。在时尚和创意产业的具体案例中，产品和服务在零售空间中获得了它们的象征意义，通过多渠道体验系统实现在线和离线体验。该模块试图研究品牌价值、产品、服务感官品质及其利基属性、情感和关系属性如何转化为不同的语言和交互空间，包括物理和虚拟的、有形的和无形的
MOOC 5—颠覆 CCIs 模式的时尚科技范式	该慕课模块旨在了解新技术对时尚行业的影响。过去这些新技术包括项目开发过程、生产和最终产品中的新实践。特别验证了两个方面：定制和小型化。一方面，慕课描述了时尚产品定制需求的增加，要求设计师理解如何通过技术和数字制造来实现产品和服务的交叉。另一方面，它详细说明了为什么对于设计师来说，理解传感器和技术组件的小型化（例如可穿戴和智能纺织品）对于增强人们的体验是很重要的
MOOC 6—CCIs 的 数据科学、可视化和 交互式叙事	该慕课模块旨在说明如何提高数据的可用性、唤起各种形式的理解并对其进行管理和表达，从而对观察到的现象形成见解，以支持制定有意义的假设和决策过程。此外，本模块还探讨了信息和数据如何在围绕客户体验或 CCIs 活跃用户开发的交互设计中发挥相关作用

　　慕课的起源可以追溯到 2008 年（麦考利等，2010），但在 2011 年斯坦福大学开始开发数字在线课程时，慕课已成为一种现象。后来，他们影响如 Coursera、Udacity、MIT edX 和 Future-Learn 等完全致力于慕课的平台创建。其背后的理念在于远程学习的概念，即在开放的教育资源或开放的教育材料中寻找自己想要的内容，这些资源或材料可以随意获取并有益于教学和学

习。对于这种现有的资源，慕课率先将具有特定学习成果和一系列相关教学活动的课程材料组织了起来（圣卡萨尼等，2019）。

慕课的特征包括：

● 课程提供的时间范围有限，内容的具体进度通常以周为基础；

● 围绕小型视频讲座构建的教学内容，整合了论文、幻灯片和信息图表；

● 测验和协作活动。

如今，许多平台已经存在并与大学合作，提供具有多种益处的微型学位课程。例如，拓展知识获取途径的可能性，并成为学术机构和专业人员的吸引者。此外，慕课课程可以轻易地融入不同的教育模式中，被纳入现有学位体系以支持教育活动，并由专业人员选修以提升他们的能力（莫塔蒂等，2019）。

然而，慕课也有其弱点：通过不同的研究（古德曼等，2019；赖克等，2019）可能会发现，完成率较低，这是推动将现有慕课学位课程与更具传统特征的学位课程整合的原因之一。慕课目前仍然是支持混合学习方法和工具进一步发展完善的一个潜在因素，此外，新冠肺炎疫情也是一个重要因素，对远程教学起到了很大的推动作用。

4.3.1 慕课设计指南

作为 DigiMooD 的一部分，慕课已经开发了一套六个慕课课程模块。这占 DigiMooD 全部课程的一半，另一半是以行业实地活动（基于项目学习）和实习为主。

　　为了在整个课程中始终如一地开发慕课，我们制定了一系列指南，并将其分为三个工具包（见图 4-2；要查看完整的工具包，请参阅项目网站：http：//www. digimood4cci. eu/dissemination）：

● 第一部分通过说明慕课的主要理论层面并详细描述用以协调不同模块输出的项目格式，支持慕课结构的开发（宏观开发）（见表 4-2）；

● 第二部分通过提供与幻灯片的长度和数量相关的实用技巧和规则，指导与测验和其他课堂活动相关的必要方面的开发，指导慕课（微观开发）故事板的制作；

● 第三部分有助于设置视频的录制（操作执行），以保持相同的风格并确保其高质量。

用于设计慕课（MOOC）的DIGIMOOD工具包

图 4-2 DigiMood 工具包概览

表 4-2 DigiMooD 中慕课的结构

MOOC 结构

每个慕课模块都由下列不同元素组成：

● **视频**：视频是在慕课中传达内容的主要（但不是唯一）格式。

● **文本**：可用于介绍主题，在学习过程中陪伴用户，进行总结。

● **测验**：有助于预测内容、测试和评估知识。

● **可选的附加材料**：PDF、论文、已完成的练习、待解决的练习、检查清单、深度附加内容等。

● **论坛讨论或可选问题**

未来能力：创造力和设计力

教育路径以周为单位，由模块组成，可以包含多个讲座。DigiMooD 结构分为 5 周，如图 4-3 所示。

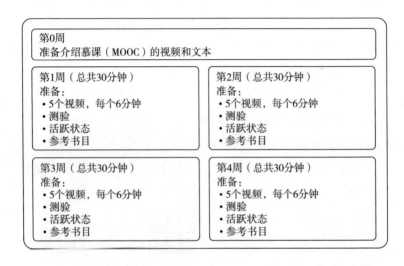

图 4-3　慕课（MOOC）结构

一般来说，慕课的介绍称为第 0 周，其中包含一段视频，介绍课程中将要探讨的主题。此外，它还包含平台演练和课程教师的概述。

通常会介绍后续几周的课程，通过介绍场景、主题相关背景、文献和理论背景、文献或实践及结论工具或案例研究中使用的模型，为每个模块定义预期的学习成果。这些步骤中的每一步通常通过视频讲座和一小段文本来呈现，除此之外，每周都会进行测验和其他活动，旨在验证课程学习过程中所获知识，并围绕所示主题进行互动。

4.3.2　教学框架

如果辅之以教学框架的应用，慕课模块的结构可以得到更好的改进和完善。在 DigiMooD 的案例中，我们建议使用科勃（Kolb）学习周期来构建模块（见图 4-4），其中包括具体经验、反思性观察、抽象概念化和主动实验。使用数字媒体，通过案例研究的简短纪录片总结经验，以说明慕课模块中的主题如何应用于实际的商业案例。

- **具体经验**
  学生们积极探索具体经验

- **反思性观察**
  学生们反思这段经历

- **抽象概念化**
  学生们根据一般性质得出结论，探索论证的理论维度

- **主动实验**
  学生们将在真实或现实的环境中应用所学内容

图 4-4　科勃（Kolb）的循环教学框架

资料来源：METID 绘制。

4.3.3　预期学习成果

慕课模块还应包含明确的学生学习目标，以预期的学习成果来表示。这些不仅是学生的学习目标，而且还是操作工具，使他们能够以协调的方式设计一系列具有共同主题的课程。按照 METID 流程和 Bloom 分类法（见图 4-5），每周的课程安排都会重复此项操作内容。

未来能力：创造力和设计力

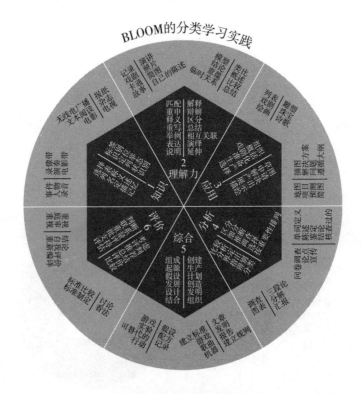

图 4-5 Bloom 的玫瑰分类法

预期的学习成果应该是 SMART（具体的、可衡量的、可分配的、现实的、与时间相关的）。每个结果都必须从学生的角度来表达，使用：一个动词（预期的行动），一个对象（行动的内容）和环境（学生将执行动作的地点）。

这些工具包的最终目的是创建一个便于使用的指南，它与创建教育内容的每一步骤相对应，并阐明了与每个制作阶段最相关的信息，实际上，工具包备有一套指导进一步讲授内容的实用模板。在操作上，这是建立在"METID—学习创新"之前

114

所开发不同类型慕课及材料支持的基础之上的，同时也有赖于支持 DigiMooD 项目的米兰理工大学的服务。目前，慕课课程与米兰理工大学制作的所有其他数字课程一起在 POK（米兰理工大学开放知识）平台上播送。

4.4　最终课程和学生现场测试

4.4.1　与时尚系统设计课程的协调

在完成慕课的开发后，DigiMooD 进行了一以贯之的现场测试活动，在此期间，联盟将慕课课程加以调整并整合到学校教学课程体系中。这使得混合教学法学习设计能够使用和测试，结合不同的学习环境并将传统的课堂方法与由数字（计算机、移动）系统介导的活动相结合。

具体来说，这是作为最终综合设计工作室的一部分来进行的，这也是时尚系统设计理学硕士二年级的最后一个基于项目的课程。

最终综合设计工作室推动学生完成硕士教育，特别注重学生探索和获取多学科知识和能力。它尤其被认为是传授理论概念、工具能力、丰富的设计经验和充分利用数字化转型的潜力，使未来的设计师能够面对从传统的"以产品为中心"的时尚体系向更可持续、以用户为中心的范式转变。课程的形式包括不同的教育体验，混合了讲座、讨论模块和工作室活动，打破了传统的学期线性节奏。本课程对可持续性和数字创新的高度关注，使得这两个慕课的实验取得了显著的成果。特别是，两个慕课经过测试：MOOC 6 涉及数据科学、可视化和交互式叙事，作为高级交互叙事模块的一部分；MOOC 2 涉及数字供应链，是时尚产品生产周期管理模块的一个组成部分。

高级互动叙事模块涉及时尚和传播领域，提供帮助年轻设计师构思和制作交互式叙事、游戏和有趣的项目，能够传达价值观并促进用户对品牌或感兴趣主题的参与度。

作为现场实施的一部分，65 名参与活动的学生被要求在开始课程之前循规学习慕课课程，并在课程结束时现场发放结业证书。在 Metid 的支持下，获得的分数已经从米兰理工大学开放知识平台（POK）外推，计入到模块的最终评估中。

这个过程之后，在课堂上进行了理论讲座和小组活动，从而创建了围绕典型复古服装设计和数字媒体平台开发的交互式叙事（更多详细信息请参阅 4.3.2）。

类似的方法也应用于时尚产品生产周期管理理论模块的测试。本模块侧重于关注时尚产品的整个生命周期（特别是产品设计、生产和交付），并介绍用于管理该生命周期中关键流程的工具和方法，特别是新系列的开发和创新、生产计划和控制及供应链管理（管理供应商、生产活动和分销）。

在这个模块中，教授在上课的第一天就介绍了这一慕课课程，学生们有机会学习并持续完成结业。然而，在这种情况下，具体的评价不计入最终的评估成绩。

这两项测试使该项目有机会反思慕课可能给现场教学带来的节奏和活动类型上的变化。而且，这些意见是由参与其中的教师以及那些被要求通过在混合教学活动结束时发送调查问卷进行自我评估的学生所提出的。

优势涉及：

* 可以管理自己的时间，以一种压力较小的方式学习。

* 可以重新观看视频课程，但也可以停止视频课程并寻求更深见解。

* 可以打开字幕。

* 可以课前预习，以便熟悉和探讨相关概念。

* 更有效率，用于课堂练习的时间也更多。

* 更多的教授和专家参与了课程，因此有更多的观点可供考虑。

* 更易于获取的内容。

* 做好准备，应对知识缺口，了解不足之处，加以改进。

* 有机会让所有学生在学习开始时具有相同的知识水平。

最常提到的缺点是：

* 缺乏学习氛围。

* 缺乏接触和分享观点的人际互动。

* 可能容易感到无聊。

* 太多的内容需短时间内应对处理。

* 由于课程持续时间的原因，内容处理得很肤浅。

* 利用课外时间观看慕课。

* 结果有时并不引人入胜。

有趣的是，同学们还提出了一系列未来改进完善的建议：

* 改善慕课和线下课程之间的联系。

* 为用户提供更多关于设计创新的额外资料，这些资料可以离线讨论。

* 减少理论课程，同时展示更多来自行业更真实和更具体

的案例研究。

  ● 已改进了米兰理工大学开放知识平台（POK）中已有的聊天工具，但尚未充分发挥其潜力。但彼此通过这种方式交流观点和见解，有助于建立一个讨论慕课的社区。

自我评估体验以组织网络活动结束，学生们有机会在几分钟内向在时尚系统中运营并由第三产业行业协会（Assolombarda）雇用的选定公司推荐自己，并展示在最终综合设计工作室获得的结果。在活动之前，学生的课程和作品集已与有意与这些年轻设计师建立关系的公司分享，活动结束后，被选中的学生将获得于 2021 年进行课程实习的机会。

总之，我们可以说 DigiMooD 的经验对于学生和教师，以及有机会在一个长期抵制创新的领域尝试不同混合教学方法的学校来说，都是非常有价值且极具借鉴意义的。作为 DigiMooD 课程体系的一部分，已开发的这些课程将继续作为单独的慕课和整体课程进行试验和应用。短时间内，首批毕业生将进入就业市场，有望开始产生项目中设想的长期影响，从而塑造新一代具有数字意识的时尚公司。

4.4.2 现场测试产生的学生项目

在本章中，在学习了 DigiMood 慕课课程和课堂现场课程后，对在高级互动叙事课程学习基础上选定的项目进行概述。最终成果涉及交互式叙事的设计，从用作设计对象的典型复古服装开始，转化为故事世界的制作，并由数字和混合媒体概念化。

True Arctic Fox

小组成员：海伦娜 · 阿梅罗（Helena Armero）、费尔南达·冈萨雷斯（Fernanda Gonzalez）、皮拉尔·冈萨雷斯（Pilar Gonzalez）、纳菲斯·侯赛尼（Nafise Hosseini）、萨尔塔纳特·卡尔扎诺瓦（Saltanat Kartzhanova）、费尔南达·波斯特尔（Fernanda Postal）、玛丽亚·桑多瓦尔（María Sandoval）。

这个项目的开始是瑞典雪地迷彩夹克，这是一种最初在第二次世界大战期间，寒冷天气中用于军事目的的复古服装。

在做了一些研究之后，我们定义了整个项目所基于的概念。考虑到如今夹克主要用于户外活动和冬季运动，该项目的目的在于传递服装的"冒险精神"，同时促进对环境的责任感和更健康的生活方式。我们专注于一个年轻的目标群体（年龄范围为18~35岁），无论是线上还是线下都很活跃，因为这些受众更有可能参与环境事业和户外活动。此时，我们创建了一项跨媒体体验活动，要求用户不仅通过社交媒体，还需要通过在欧洲不同城市的特定地点举行的体育活动来参与这项活动。

True Arctic Fox 活动基于与一家瑞典公司的合作，该公司专门生产户外装备，主要是高档服装和背包。此外，该品牌还负责协调野外探险，并为环境研究提供资助。整个互动叙事围绕品牌组织的一场比赛而展开，目的是帮助如今被认为是濒临灭绝物种的北极狐。因此，我们开发了一个基于塑造英雄和冒险召唤的故事世界，创建北极狐角色是为了引导用户完成整个旅程。这次体验包括完成一系列挑战，以换取虚拟奖牌，然后这些奖牌可以置换该品牌的产品。他们需要使用社交媒体平台、专属应用程序和网页，以及参加体育活动。完成所有挑战后，参赛者可以自动参加瑞典之旅（见图4-6、图4-7、图4-8）。

图 4-6　True Arctic Fox 移动应用程序

图 4-7　True Arctic Fox Instagram 页面

图4-8　活动的主要特征和口号

Kaapa code

小组成员：劳拉·博巴克（Laura Bobak）、盖亚·维多利亚·米兰尼斯（Gaia Vittoria Milanese）、瓦莱里娅·弗莱奥（Valeria Forleo）、比阿特丽斯·费拉里奥（Beatrice Ferrario）、迈克尔·贝卡利（Michael Beccalli）、马泰奥·安吉奥莱蒂（Matteo Angioletti）、安东内拉·马塞蒂（Antonella Mascetti）。

该项目专注于意大利雨披的核心特征，防护性和强度，我们调整并使它更适应当前的环境。就像斗篷是第一次世界大战中保护士兵的武器一样，它（衣服的内在价值）也成为保护个人隐私的工具。

从实体版到数字版：这个新版本成为我们互动叙事的"代码主角"，交互体验基于网站游戏，面向25~30岁群众。

这是一款由10个关卡组成的第一人称谜团游戏，每一关都要求玩家在有限的时间内解开一个谜团，以获得部分代码。如果在一半的时间内你仍然困在这个谜团中，你就会得到一个线索，如果时间用完，就必须等待，然后才能再试一次。线索无处不在，所以必须在屏幕上四处寻找。获得答案后，将".it"之前的 URL 部分替换为答案。当谜题解开后，你会得到一段由游戏记住的代码，然后进入到下一个关卡。

在游戏开始之前，通过一段视频讲述导引用户完成所面临任务的主要事件来解释其目的。

在不远的将来，PSYOP——一家以窃取公民个人数据为其潜藏目的的技术公司将控制人们的思想，用户的角色是"Veri Liberi"的一部分，由于他们对技术的精心使用，而成为仅有的一些仍然拥有大部分个人数据的人，Veri Liberi 的任务是找到 Kappa code 的所有片段，这是唯一可以保存他们个人数据的工具（见图4-9、图4-10、图4-11）。

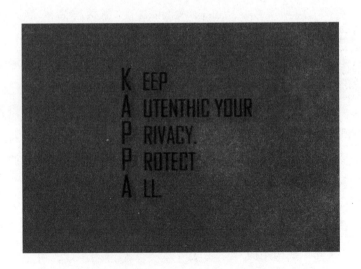

图 4-9　Kappa code，Veri Liberi 宣言

图 4-10 Kappa code，游戏情节插图

图 4-11 Kappa code 游戏之谜

JACK OP

小组成员：莎尔·阿米尼（Sahel Amini）、伊娃·康斯坦斯·贝特·瓦达拉（Eva Constance Beite Vadala）、卡米拉·基

未来能力：创造力和设计力

亚维加托（Camilla Chiavegato）、卡拉·戈迪（Carla Goddi）、孔德秋（Deqiu Kong）、米歇拉·玛佐莱尼（Michela Mazzoleni）、泰伊思·维索萨·特拉蒙蒂娜（Thais Verçosa Tramonina）。

　　原型所选择的夹克是化学防护内衣的两件之一，一种含有聚合物包裹碳的耐用复合织物，使其成为吸附化学战剂的理想防护服装。每件衣服都装在一个袋子里，一旦取出，它的防护性能会持续 15~25 天。我们认为这种特殊性对于游戏的叙事来说可能很有趣，所以我们决定开始着手研究它。对于目标，我们决定专注于 Z 世代，因为根据研究，他们是电子游戏玩家，当 Z 世代在社交媒体上非常活跃时，我们制定了一种使用 You-Tube、Twitter、Instagram 和 Twitch 的多媒体策略，让他们了解我们的方案，并帮助创建一个游戏之外的玩家社区。

　　Jack-Op 是一款面向移动设备的 RPG 模拟游戏。它的目的是在促进共同目标的同时促进个人成长。一场化学战争发生后，地球上的大气层对人类生命构成了危胁，在这种环境下，只有两个社区能够生存：地上的和地下的。他们都意识到他们在一起会比分开更好，所以他们决定合作，唯一能让每个人都活着的东西是一件存在有效期的特殊夹克。玩家可以通过两种方式为他们的夹克赢得时间：工作和完成正在执行的任务。努力工作不仅有助于个人玩家，而且也可以帮助社区完成任务后，玩家可以为夹克赢得时间，这相当于获得更多的游戏时间。两个社区在生产资源方面发挥着不同的作用，因此合作和物资交换成为必然。交换只能发生在社区之间的中立地区米德兰，玩家可以见面、互动和交易他们宝贵的资源，他们可以随心所欲地进行多次交换，但总体而言每天不超过一个小时。因此，Jack-

Op 也是一款关于社区建设和资源共享的游戏（见图 4-12、图 4-13、图 4-14）。

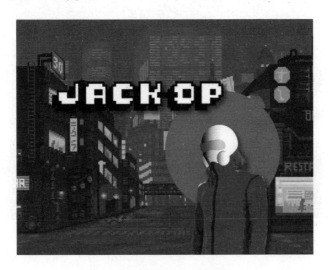

图 4-12 Jack-Op，游戏封面

图 4-13 游戏介绍，夹克的交付

图4-14　Jack-Op，来自不同社区玩家之间的资源交换

5

时尚业数字化转型的生态系统

丹尼尔·克卢蒂尔（Danièle Clutier）
法国时尚学院

5.1　行业当前面临的挑战

5.1.1　陷入困境的行业

欧洲的时尚产业正面临着重大变化：服装和时尚在消费者行为中的重要性日益下降。受健康危机、财政紧缩和社会环境混乱等影响，消费者有越来越多优先选择，而不是购买时尚商品，这导致个体消费者时尚品预算的减少和市场普遍受到冲击。这对于整个价值链中的品牌、制造商和零售商来说挑战是巨大的，因为销量下降会对企业营利能力造成致命的打击。幸运的是，这些企业还可以在出口市场取得进展，在那里，人们对时尚的需求往往比旧时的欧洲更强，但这还不足以维持他们的生存，更不用说繁荣了。因此，企业必须完成双重任务：一方面，它们必须比竞争对手更能吸引消费者，以便在不断萎缩的市场中获得份额；另一方面，它们必须降低为这些消费者提供服务的成本。

5.1.2　创建客户社区

第一个挑战是加强与终端客户的联系，并在某种程度上与一批消费者建立一个价值观、品位和习惯的社群，这一消费群体数量的不断增加足以为公司带来可观的经济效益，而赢得这一挑战在很大程度上依赖于沟通技巧。事实上，这样已不仅仅是一家时尚商业公司，而是成了一家"媒体公司"，然而，这不仅是创建内容和讲故事的问题，与此同时宣传交流活动正在发生变化。它正在离开新闻界和传统在线媒体领域，通过基于

未来能力：创造力和设计力

人工智能的工具来加强社交网络，这些工具可以确认信息交流发生的精确时刻并且调整可能的内容。当然，大多数公司都在努力寻找适应这些变化的方法和技巧，来自 DigiMooD 样本中的大多数公司也把创建和传播数字内容的能力看作必不可少的传播战略。

如今，良好的沟通能力还需要对消费者及其期望有一定程度的了解，这是基于对将人工智能应用于客户知识服务的数字工具的掌握。今天的客户关系管理（CRM）在很大程度上是基于对此类工具的使用，它们能培养客户的忠诚度、期望值和满意度，使客户成为社区成员和品牌大使。更广泛地说，这个社区的创建意味着对分销方法及其日常的库存进行全面核查，以实现能够随时随地联合消费者的真正全渠道战略。对我们的调查作出回应的公司中有一半证实，它们认为有必要消除传统实体分销和在线分销之间的障碍，因为它们都清楚手机的中心地位。

这些与消费者的新关系将时装和产品的创建置于一个更大的项目中，这个项目必须适应数字发展趋势并成为混合型项目。事实上，它必须考虑品牌的价值和自身的身份，但它也必须能够适应客户的需求。这里的问题是如何倾听社交网络的呼声，以及如何解读客户在网络上留下的所有对产品取向的痕迹，以培养团队的创新创意能力：样本中 2/3 的公司已经证实，它们对这些新要求很敏感。

拥有一个了解并与之有互动关系的客户群体是主要优势。这使得预测那些影响该目标群体需求的趋势变得更加容易，正是基于这一点，人工智能使企业通过预测客户的期望来更好地为客户服务，同时对生产的成本结构也将产生明显有利的影响。

5.1.3 降低不必要的成本

第二个挑战涉及降低不必要的成本，即那些不会给消费者带来任何附加值的成本。在他们最优先的事项中，公司正在努力减少成本极高的季末销售和未售出的商品。显然，通过更准确的预测和更迅速的反应能力，可以提高公司竞争力。如果按需生产代表了一种难以实现的理想形式，那么尝试部分实现这一理想，可以使许多公司能够更好地应对这些灵活性的需求。

"即看即买"现象显然没能成功地改变高端和奢侈品公司的做法，但它仍然证实了使价值链更快、更敏锐和更灵活的持续性需求。面对越来越难以预测且越来越分散的市场，企业领导者正在寻求方法以提高其生产系统的灵活性。例如，时尚4.0公司倾向于在很短的时间内优化小型系列产品的生产并使其盈利。由于快速交货和定制产品，最大限度地降低了库存风险并提高了最终客户满意度，若果真如此，也必将会提高中间客户的满意度。

因此，对传统生产方式的重新思考至关重要。当然，这对于老龄化和无利润的公司来说尤其困难，那些设法做到这一点的公司在其市场中获得了巨大的竞争优势。在许多领域，这种生产灵活性是基于机器人集成承担一定数量的任务，通常由机器与生产制造人员交互完成。因此，我们样本中的公司意识到，它们需要与生产相关环节领域内的数字技能、产品管理（产品经理职能）相关的数字技能相互作用，在最广泛意义上与创造职能对接。

在保持相对较低库存的同时，快速满足客户需求还需要优化交付系统。最成功的公司正在开发制定能够全面管理产品库存和订单的企业资源规划（ERP）和措施。有了这些系统，公司将能够确定哪些客户和产品应优先交付，以确保客户满意度和成功业务关系的延续。

在争取更大灵活性的过程中，必须调动整个价值链。公司再也无法独自应对客户满意度方面的挑战，它必须建立一个供应商和中介机构网络，能够在高度信任和利益共享的基础上与之建立持久的合作伙伴关系。由于如法国或意大利等许多欧洲国家的行业文化的原因，在行业内建立已经处于直接竞争关系公司的协作网络变得特别困难，但是我们样本中的公司已经清楚地认识到有必要改变这种思维方式和由此产生的一些常规做法。

在创造、灵活性和节省时间方面也存在重大问题。例如，数字化可以优化流程的开始，但就原型和/或系列前瞻的生产而言，数字革命主要包括用 3D 打印机组件取代传统生产方式，特别是对于由非纺织品制成的时尚产品。

5.1.4　代际问题

DigiMooD 计划的目的是调查这些公司的动机及其对这些非常重要的挑战和实际工作场所的态度。该分析发现了两类人群的认知和习惯之间的显著差异，公司及其管理者与数字化世界及其活动之间的关系，确实在很大程度上与所属的时代密切相关。

由 20 世纪 70 年代之前出生的管理者管理的已在运行的公

司，通常似乎离数字化还很远，难以在发展数字化方面做出正确的决策，尤其是在这方面的投资事项上。

"事实上，在时尚行业的任何地方，都可以看到中高层商业管理人员和行政人员非常缺乏数字文化方面的知识，尤其是40岁以上的人和小企业，决策者经常在工序流程和投资方面做出倒退的决策。从这个意义上讲，零售业比制造业更具现代化特征，年轻的员工更乐于接受数字化，且大多数情况下都能熟练使用流行的工具和系统，但在使用大型系统（如 ERP）和更为密集复杂的技术时他们会遇到困难。"

——劳伦特·拉乌尔（Laurent Raoul），XL Conseil 首席执行官

较新的公司，包括初创企业，尤其是数字原生垂直品牌（DNVB）公司，都与数字有更为直接的关系，而且通常也与消费者有更直接的关系。有必要区分最后两类：就初创企业而言，一般情况下，由具有强烈创业精神且比平均年龄年轻的管理者掌控的公司往往与数字化有着天然的联系，这往往源于他们的个人实践，但若仅仅基于个人和家庭可用的工具时又会妨碍他们充分理解更大系统的挑战。另外，就 DNVB 而言，也同样会面临这类局限，但可以通过独特而有价值的优势得以抵消：一方面，掌握与消费者的关系，并从深入了解消费者期望以预测他们的需求中受益；另一方面，无论是推销他们的产品还是讲述建立他们社区的故事，这些 DNVB 公司比传统公司更注重宣传沟通和内容创建，使他们能够通过社交网络取得巨大成功。

"主要问题是管理层次结构。它与与之交互的人员素质类型有关。高层管理人员明显缺乏专业知识（只使用流行语，缺乏远见，缺乏好奇心，社交控，具有很多一厢情愿的想法）。

他们经常依赖外部合作伙伴，使公司的发展需要很长时间，唯一的例外是那些具有敏捷性、测试和学习文化的数字化公司。真正的技术专家和技术使用者属于低层管理者，中层管理人员也可能威胁到公司的数字化转型，因为他们只想保护自己的业务部门，他们不想失去控制，不想共享数据……他们对未来缺乏远见。"

——保罗·穆吉诺（Paul Mouginot），DACO 首席执行官

除了公司数字能力的第一个差异化因素之外，还可以在全球范围内观察到，专业化程度越高、规模越小、创建时间越久或越是更多基于生产而非分销的公司越难以整合数字能力，越难以成功应对这场革命性的挑战。

5.1.5 继续教育不足

众所周知，欧洲纺织服装行业面临的重要挑战之一是应对劳动力年龄金字塔带来的后果。事实的确如此，这些行业的劳动力年龄比许多其他行业的劳动力年龄都要大。当公司在其市场上更加传统而成熟时，情况就更是如此。当这些员工退休后，也增加了能力传授的问题，但在这些人离开之前，困难在于如何培训他们以适应数字革命带来的当前需求。

DigiMooD 计划进行的调查证实，欧洲该行业的基本问题之一是培训。很少有公司有真正的结构化战略来培训现有团队。因此，数字革命所需的新技能在很大程度上必须通过外部招聘而非培训来提供，但在困难时期，招聘速度会放缓。对 170 家公司的调查显示，其中，42% 的公司在前两年中没有开展任何持续培训活动。在这个不断变化的世界里，人们甚至可以说变

化是唯一不变的，这对纺织和时尚公司构成了持久的障碍。

5.2　行业未来所需的能力

需要调动的新能力

时尚行业类公司充分意识到，数字革命要求它们整合更年轻、更具数字素养的员工团队。然而，它们往往错误地高估了年轻人的数字能力，而忽视了一个事实，即该行业的特殊性需要高级和专业的数字技能，而不仅仅是对普通公众可用工具的熟悉。

通过深入的调查、对公司的采访和与专家的创意性头脑风暴会议，DigiMooD 计划已经确定了许多公司目前需要的一些非常具体的能力，但更重要的是能够确保其在未来的国际竞争中兴旺发展的能力。

时尚公司较长一段时期内能够顺利运营所需的关键技能可以分为三大类，即创造技能、管理技能和技术技能。其中的每一大类都有 3 个子类别能力与表达所需的不同能力相关。由此确定的能力组如图 5-1 所示。

第一项活动涉及创造。这包括产品创意和内容创建，因为这两个方面与公司是否能发展成为真正的媒体公司的背景密切相关。

在传播领域，技术诀窍显然需要熟悉数字网络世界并从中产生智慧的能力，以及创建编辑路线和内容的人才，通过数字技术提升品牌的传承和价值。此外，还需要专业核心技术知识来保护公司的数字形象资本并掌握故事讲述能力，以便熟练而

图 5-1　DigiMooD 能力框架

有效地对其进行宣传或传播。同时还涉及通过分析网络上现有的内容来了解时尚和消费趋势。在全球范围内，这是一个通过组织活动和为社交网络创建内容来管理公司与其客户之间互动的问题，以便不断地为公司客户和合作伙伴的社区注入活力。在设计创作活动中，所需的技能包括当今广泛传播的计算机辅助设计以及 3D 模型创建、实验和原型制作工具等方面的技能，同时还必须了解所有的数字化实验技术，或者根据其功能熟练掌握这些技术，以便管理系列时装和产品的界面和在线可视化。

　　最后，创意活动以创造特定环境的心理体验能力为先决条件，这一环境使实体销售和电子商务实现共生，方便消费者参与无缝的全渠道品牌体验。

第二项能力是管理。它涵盖了从研究并确定市场趋势到实施适当的创意、生产和分销策略所有的专业知识，使相关人员能够有效地执行数字化公司要求的任务和使命。它具有灵活性和个人开放性，通过执行不同任务和与公司内不同文化背景的人员互动，以快速有效的方式主动管理不同的项目和活动。这些人际交往技能还必须有一系列特定专业知识作为支持和保障。

创建和管理网络的能力对于确保公司在其行动的协作环境中不断发展至关重要，掌握与各种外部社交网络，以及与专业或公司内部工具相关的工具，是相关任务成功的关键因素。

公司的战略规划还需利用从数据分析中获得的一定数量的知识。这包括了如何从公司各部门可用的大量数据中创建智慧，知道如何收集、分析这些数据并从中吸取教训，这些数据有助于做出明智的决策，也有助于公司在其所在竞争的海洋沿着正确的战术方向航行。公司还需要通过这种专业知识在其技术和竞争方面保持关注和警觉，并在全面了解整体情况和市场数据的情况下设计制定其创新战略。

对公司所在价值链、供应商和客户以及与所有合作伙伴之间的良好管理，也需要在最广泛的意义上具有特定的物流能力。由于公司在协作网络中运作，彼此之间的互动方式比过去更紧密，这使情况变得更加复杂。

数字时尚公司的第三项技能涉及数字技术本身，以及根据公司内部行使的职能类型而或多或少地掌握这些技能的程度。

第一种专有技术是处理大数据意义上的数据，即公司可以获得的所有极其庞大和多样化的数据，以便从中获得有意义的模式，之后需要将这些经验教训和见解可视化。

专业人员必须能够以清晰和令人信服的方式表达，以传递适合其目标人群的信息。这套专有技术还必须辅之以良好的数据安全管理，无论是涉及通用数据保护条例（GDPR）还是更广泛的保密性，都必须确保这一点，尤其是有关公司的专有技术和商业惯例。

接下来我们讨论生产和数字技术方面的专业技术知识。这种专业技术是多方面的，涉及非常多样化的综合类知识，包括新的装配技术以及过程自动化或人机交互。

最后一个非常重要的专业技术知识体系涉及算法的设计、实施和使用。它涵盖了编码能力和云计算，还包括与人工智能在公司流程中整合的相关技能，以及对支撑物联网应用的网络系统的理解。

5.3 典型的新型专业技能人员

在定义公司需求和潜在职业岗位这项工作的最后阶段，DigiMooD 项目确定了 5 类典型的专业技能人员，说明了当今时尚公司不同关键职能部门之间必须配置的一些技能的方式，与每一类专业技能人员相对应的目标功能所需能力列出如下：

5.3.1 数字业务分析师

这是使时尚公司今天取得成功的最重要的专业人员之一。从某种意义上说，这是个跨职能部门的岗位，因为他必须能够识别并从许多不同部门收集有助于阐明公司立场和战略的信息和数据，具有对竞争情报和分析广泛开放的职能，还可提供制定创新战略所需的知识库。这里要提供的关键技能是与数据管理和解释相关的技能，特别是通过人工智能工具，以及使各种数据源和所进行分析的用户之间得以相互协同的行为技能（见图 5-2）。

数字业务分析师

● 必须有

> •媒体素养•社交媒体趋势•大数据管理•人工智能•创新战略•在线业务•电子协作和虚拟互动•数据分析•数据驱动决策

● 应该有

> •自动化

● 可以有

> •数字保存•物联网•数据可视化

● 希望有

> •数字实验•数字体验•内容策划•社区管理•数字叙事•CAD和3D建模•数字制造•机器人•虚拟和增强现实•云计算•组织灵活性•创建和管理网络

图 5-2　数字业务分析师能力框架

5.3.2 变革链经理

在创新部门，甚至是一般管理部门，这是一个全新的、与前者一样也是非常横向的职业岗位，他使公司内各个数字经理之间的有效协作得以实现。具有一种接口职能，使不同的部门和服务、创意、人力资源、产品宣传等领域得以使用通用语言进行交流，以确保可追溯性，并在专业的复杂性和高度专业化可能迅速导致政策缺乏一致性的情况下协调公司的管理。

所需的主要技能围绕网络和项目团队的管理，显然包括支撑这种职业岗位的行为技能（见图5-3）。

变革链经理

● 必须有

> •行为科学•自动化•数字制造•机器人技术•大数据管理•人工智能•云计算•创新战略•组织灵活性•创建和管理网络•数据驱动决策

● 应该有

> •数字体验•内容负责人•数字保存•社区管理•数字叙事•虚拟和增强现实•在线业务•协作和虚拟交互•数字实验

● 可以有

> •媒体素养•社交媒体趋势•CAD和3D建模•物联网•数据可视化•数据分析

● 希望有

> 无

图 5-3　变革链经理能力框架

5.3.3 创新经理

这是一项需要团队领导能力来统揽协调公司内部数字创新的职能，同时也需要有远见卓识的人才为公司的未来提出、测试和分享远景规划、项目和新想法。与一般管理层直接相关，它可以是高级岗位，也可以是低级岗位，在同行中更像是一个自由电子。执行这项任务所需的人才种类繁多，除了必要的数字技能外，良好的文化素养、想象力、批判精神、洞察力和对公司的全面了解也是不可或缺的，当然，更不用说具有领导团队或网络的能力（见图5-4）。

创新经理

● 必须有

> •数字实验•物理体验•数字保存•行为科学•数据可视化•创新战略•组织灵活性•数据分析•数据驱动决策

● 应该有

> •数字叙事•大数据管理•虚拟和增强现实

● 可以有

> •媒体素养•社交媒体趋势•自动化•数字化•制造业•物联网•机器人技术•云计算•在线业务•协作和虚拟交互

● 希望有

> •内容策展人•社区管理•CAD和3D建模•人工智能•创建和管理网络

图5-4 创新经理能力框架

5.3.4 数字展厅经理

为了成功和高效地履行这一职能，负责人必须在专有网站、社交网络和合作伙伴商业平台在线展示与管理产品从生产到交付的整个物流链之间充当一个接口。这里需要大量数字技术方面的专业知识和技能，还需要能够整合与融入与有关产品生命周期相关的复杂决策链的能力（见图5-5）。

数字展厅经理

● 必须有

> ·数字实验·物理体验·数字观测·自动化·数据可视化·创新战略·电子协作和虚拟交互

● 应该有

> ·物联网·云计算

● 可以有

> ·媒体素养·行为科学·机器人学·人工智能·创建和管理网络·数据分析·数据驱动决策

● 希望有

> ·内容策展人·社区管理·数字叙事·社交媒体趋势·CAD和3D建模·数字制造·大数据管理·虚拟和增强现实·组织灵活性·在线业务

图5-5 数字展厅经理能力框架

5.3.5　活动项目和分析师经理

另一个关键的分析师岗位是管理公司参与的面对面或在线活动期间，对产生和收集的数据进行管理的岗位。想了解展示的产品所引起的反应，竞争对手和客户的信息最为有效，传统上，这些数据很少且利用率极低，它们代表了市场营销和销售活动以及围绕公司创建智能网络的大量知识库和联系方式，此类数据的收集、管理和解释相关的技能也是成功履行此项职能所必需的（见图5-6）。

活动项目和分析师经理

● 必须有

> •物理数字体验•数字叙事•物联网•虚拟和增强现实•数据可视化•创新战略•组织灵活性•数据分析

● 应该有

> •数字体验•媒体素养•行为科学•社交媒体趋势•CAD和3D建模•大数据管理•数据驱动决策

● 可以有

> •社区管理•自动化•电子协作和虚拟交互

● 希望有

> •内容负责人•数字保存•数字制造•机器人技术•人工智能•云计算•在线业务•创建和管理网络

图5-6　活动项目和分析师经理能力框架

第三部分

CCIs 和教育的未来发展前景

6

未来发展前景:
CCIs 的数字能力

玛齐亚·莫塔蒂（Marzia Mortati）、安吉莉卡·万迪
（Angelica Vandi）
米兰理工大学设计部

在当前的转型形势下，要提出创意职业发展的可能性并不容易。DigiMooD 一直在探索，始终致力于描绘尤其是时尚领域能力不断演变的特征。这种探索是通过与所有利益相关者共同设计和验证来组织开展的。因此，公司、初创企业、学术机构代表、教育工作者和专家都参与其中，把能力置于聚光灯下，共同讨论现在和未来的挑战。这一探索已经超越了第 3 章中描述的研究活动，而是与开发 DigiMooD 能力框架的第一版有关。这里的尝试是将框架可操作化，确定相关的发展轨迹，并利用它们来建议评估和更新当前关于设计教育的课程。

本章我们将报告这一过程，通过一系列专家访谈来进一步反思我们的框架。这些内容开启了关于具有数字能力的创意人员和设计师应该具备的能力特性的对话，探讨了他们在我们的框架中已经确定的三个方向（即管理、创新和技术）的演变。

6.1 通过共同创造进行能力分析和验证的过程

6.1.1 参与者样本的选择

与公司直接讨论他们现在和不久的将来希望雇用的专业人士的类型，一直是我们流程中最重要的环节之一。DigiMooD 联盟让选定的公司参与了两个共创活动，目的是了解在研究初始阶段确定的技能是否能得到更广泛的验证，是能够满足该行业的需求还是它们需要被重新审定。

第一次活动于 2019 年 3 月 29 日（项目第一年结束时）在时尚科技加速器总部举行。这总共涉及 10 家公司，4 家传统中

未来能力：创造力和设计力

小企业和 6 家把数字技术与时尚相结合、高度创新的初创企业。

传统中小企业有：

- Blossom Avenue 4 Freccia，一家意大利鞋履品牌，以米兰的优雅风格重新诠释了西式靴子。

- Salvatore Ferragamo，时尚奢侈品领域的主要参与者之一。

- Valextra，一家专门生产皮革制品的配件公司。

- 7 For All Mankind，一家专注于牛仔布生产的美国公司。

高度创新的初创企业是：

- Stentle（https：//www.stentle.com/），一家活跃于零售领域的技术初创公司，致力于将技术整合到全渠道体验中，其大部分股份最近被 M-Cube 收购。

- Else Corp（https：//www.else-corp.com/）为时尚品牌、零售商、制造商和设计师提供虚拟零售和云制造技术解决方案。Else Corp 于 2014 年在米兰成立，是一家 B2B 初创公司。

- Penguinpass（https：//www.penguinpass.it/）专注于活动的访问管理，曾与 Moschino、Phillipe Plein 和 Fendi 等品牌合作。

- Dressyoucan（https：//www.dressyoucan.com/）专注于服装租赁领域，结合了电子商务和实体租赁点。

- Artknit Studios（https：//www.artknit-studios.com/）创制可在线定制的高级针织品。

- Bookalook（https：//www.getbookalook.com/）帮助进行样品管理、安排发货和退货、联系人管理和报告，这是一家成立于 2013 年的 B2B 初创公司。

第二次共创活动于 2019 年 10 月 8 日至 9 日在伦巴第的马

焦雷湖举行的欧洲服装产品创新活动期间进行。涉及了公司的代表和教育工作者，其中包括：Burberry、Colmar、Decathlon、Giorgio Armani、G‑Star Raw、Hugo Boss、University of the Art London（UAL）、VF。

6.1.2　共创会议：结构和工具

　　一旦参与，利益相关者在这两种情况下都会受到相同类型的结构化活动的引导，共同创造一直是与公司进行直接对话的核心方法。因此，组织了一个 3 小时的会议，历经破冰、热身、介绍活动背景和目标的典型过程，并最终形成了一个为该活动量身定制的核心练习。在这里，参与者根据兴趣和公司类型被分成不同的小组，并为每组指定了协调人，负责指导讨论和相关活动。最初，小组被要求考虑并向其他人描述他们现在缺少的、希望在不久的将来招聘的新职位。这次谈话使小组活跃起来，引发了辩论，并开始形成共同的反思和共识，这些都由主持人记录在特定的画布上。在最初的自由对话之后，讨论转移到一个更结构化的层面来捕捉想法，第二部分通过一幅为 Digi‑MooD 量身定制的画像进行引导（见图 6-1），一方面是报告能力框架（如第 3 章所述），另一方面根据这些能力与所识别确定的特定技能类别的相关性，通过一个雷达对其能力进行分类。这里的总体意图是创建由公司验证的 DigiMooD 类型的专业人员或特定的职业技能人员，这些专业人员或特定的职业技能人员可从第一研究部分界定的能力框架中产生，并由参与者的实际经验验证。最后，所进行的能力分类与研究相关，据此确定未来工作概况中应具备的最重要的能力。

未来能力：创造力和设计力

　　具体来看画像的组织结构，左页列出了许多的能力，所有这些都是在 DigiMooD 第一年进行的初步研究中确定的，在这一页面，可以找到 26 项能力（见图 6-1），每种能力都有一段简短的描述，以帮助参与者理解，但没有提供任何进一步的结构。本质上讲，这部分的功能是作为研究中出现要素的注解表，也是我们要求参与者讨论和验证内容的目录。

　　右侧的页面可以分为两部分：在上端部分，参与者需要输入一般性数据，以帮助定义他们想象的人物角色，指出一个虚构的名字（男性或女性），以及该人可能工作的部门，角色和职责的简要描述。在下半部分参与者被要求根据对其想象的角色的重要性级别，对每项能力进行定性评分。具体来说，使用的分值等级为：

- 希望拥有（0~10）：一种现在不需要但将来可能需要的能力。
- 可能具备（10~20）：一种不重要但需要具备的能力。
- 应该具备（20~30）：重要但不是关键的能力。
- 必须具备（30~40）：现在对设计师的关键要求。

　　最后，画像并没有明确报告 DigiMooD 框架中确定的三个能力集群（创意、商业、技术，更多详细信息参见第 3 章），我们做出了不利用提示性说明影响参与者的一个具体选择，避免了由先验信念决定的潜在偏见，即未来员工应该具有的商业背景或创造性思维方式。相反地，人们可以自由地考虑能力的意义和关联性，只有这样，研究小组才能够对表达的偏好以及初始分析中确定的每个集群的不同相关性进行具体分析。

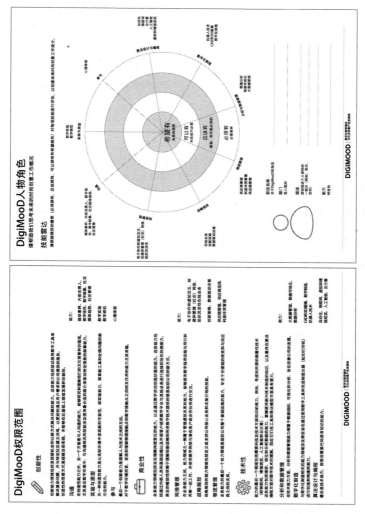

图6-1 DigiMooD角色画像

6.1.3 结果和发现分析

对反馈进行的分析，最初将能力回溯到三个能力集群，以对公司间接认定的每个领域的重要性进行评分。作为提醒，列出了如下信息：

● 创意领域包括允许设计师发现和设计新的机会，涵盖以实验、移情、沟通和视觉化等具体内容在内的新的方式解决问题的能力。

● 商业领域整合了旨在从数字活动中获取价值，并将其交付给市场和目标消费者的能力，包括战略规划、创新战略、组织结构等要素。

● 技术领域包括需要技术知识的能力，特别是考虑到所谓的颠覆性技术（即物联网、增强现实、人工智能和云计算）。

从图 6-2 中可以看出，这三个区域的得分不存在太大差异。因此，我们可以说参与者认为所有这些方法都同样有用，每个能力集群内部的差异更大。然而，可以注意到对创意领域的轻微偏好，这可以归因于正在调查的特定工业部门。根据我们的研究结果，创意领域的能力是必须具备的，它们对于现在和未来进入就业市场至关重要，而商业和技术领域的能力同样应该具备，不过，这些能力虽很重要但并非关键，在许多情况下可以通过工作培训来学习和掌握这些能力。这一结果实际上与近期商业报告的见解一致。例如，麦肯锡公司 2020 年 10 月的一项调查显示，商业模式和技术的发展速度不断加快，促使公司不断追赶技术技能缺口，同时试图在粒度级别上确定他们所需要的特定技术能力。基于这一分析，他们开始寻找能够适应这种不断变化形势的新的和灵活的人才，从而探寻一种应对这种不确定性的方式，相较于经理或工程师，这种不确定性在设计师和创意人员中更为常见。

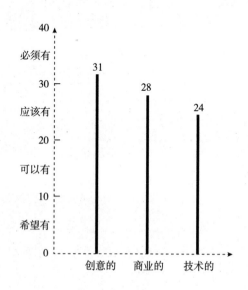

图 6-2 与数字技术交叉相关的能力领域

在接下来的分析中，评定每个能力群中哪项能力最为相关是很有趣的。总体来说，实验与原型设计（有 32 个首选项）可以强调是最相关的，而参与度（有 30 个首选项）紧随其后。这两者都属于创意能力集群，而第三项——战略规划（有 28.5 个首选项）和第四项——分析和数据管理（有 27.5 个首选项）分别属于商业和技术能力集群（见图 6-3）。

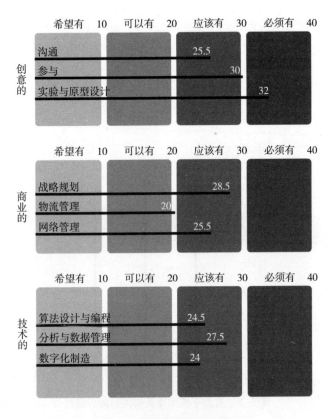

图6-3 最为相关的具体能力

　　根据这些调查结果，我们决定进一步拓展我们对三个框架领域中每一领域内最相关能力的理解（不考虑参与项），以加深对每个能力集群如何影响时尚设计实践的理解，从而改变工作概况并更新和提升设计教育。在本章的其余部分，我们将在这个方向上进行更深入的挖掘，提供了与每个领域公认的知名专家进行的 4 次访谈的结果，从而激发推动无论是时尚还是其他方面对影响设计进化轨迹因素的终结性评论。

6.2 实验和原型设计

在时尚行业的背景下，最相关的创意能力出现在时尚设计和数字制造之间的协同作用中，也与集成电子和其他技术的使用有关，还与第四次工业革命和各种形式的数字化潜力相关联，时尚业受到制造流程和生产范式（即新兴的智能工厂概念）变化的强烈影响。在这里，实验的维度超越了产品，旨在充分利用数字化制造、产品服务系统的数字化、虚拟和交互式叙事、价值链和商业模式。此外，时尚与技术之间的密切合作导致了新一代制造商的出现，他们能够设计制定时尚科技解决方案，但又能利用曾经只是大型行业特有的机械优势保持与手工生产模式特点的联系。

关于这些话题，我们与时尚设计师萨拉·萨维安（Sara Savian）进行了讨论，她在米兰的一家跨境电商创客工厂为自由职业者。她在大学教授涉及服装编程和可穿戴设备相关的几门课程（包括米兰理工大学的一个模块），并使用激光切割或其他技术，从数字制造的角度开发项目，同时她还是创客工厂社区的负责人，该社区每天都会讨论和分享创新。

Sara Savian 访谈

问：在设计与新的颠覆性技术（即人工智能、物联网、大数据分析、区块链、3D 打印等）密切相关的时代，设计师的角色和身份是什么？

答：我将我的专业领域定义为时尚科技。实际上，这是我

157

未来能力：创造力和设计力

们谈论与数字制造和集成电子技术使用时采用的术语，它是一个设计产品的过程，关系到这个产品的属性和功能，也关系到生产制造的过程，以及进入市场的渠道。此外，对我来说，这也与手工模式特点有关，它有可能利用使生产过程更快、更精确的、曾经只是大型行业特有的机械优势，在使用数字制造时，也有一种文化认同，源于让用户作为流程的一部分参与产品的创造，这一流程也将支撑后续的全部过程。这还与大规模定制有关，意味着不再有大规模生产的产品，而是有可能制造出价值更高、更耐用、价格更合理（既不太高也不太低）的服装，这暗示了由于最终消费者的参与，可以进行循环生产。

在这个多方面的全景图中，设计师的角色是了解所有信息，并利用它开发朝着可持续方向发展的流程或产品。

设计师的教育计划，（尤其是时尚方面）应该如何发展以应对这种变化？

我曾在米兰理工大学学习，至今又在米兰理工大学任教，通过这段经历我想到了这样一种方法来研究与我的职业相关的问题，这意味着我对生产过程的痴迷。我最喜欢的时尚设计课程都是与材料研究、产品如何从创意和生产，发展到与客户的关系、销售和营销产生联系有关的课程，我认为设计师必须对整个系统有深入的了解。例如，设计师必须知道产品是如何到达终端客户的以及到达哪一步的不同步骤；此外，也需要了解生产某些产品的意义及其对世界的影响。我们在时尚设计硕士学位的最后一年，教授的所有内容都提出了一个未来的视角：传统方式的艺术生产现状与达到最终结果所需的新技术和流程之间的交叉融合关系。

这一极具远见的观点不仅对当前的体系十分重要，而且对新技术也至为关键。正是我们的方法使它们在生产和与之密切相关的设计过程中或多或少起到作用。

根据您的经验，您认为目前和不久的将来会出现哪些与您的专业领域和时尚设计相关的新专业概况？

我首先说我正在关注的 Instagram 为 Mylène L'Orguilloux（http：//www.milanavjc.com）的一位"正在传播推广零浪费设计"理念的年轻的时尚设计师。她设计了可以下载的基于零浪费设计的免费模式。她在这个话题上建立了一个社区，以至于迪卡侬决定为她开设一个名为"最小废物设计师项目负责人"的新职位，这正是我们在谈论新的职业概况时应该考虑的问题。还有一些受欢迎的人物，如阿努克·维普雷希特（Anouk Wipprecht）、艾瑞斯·范·赫本（Iris Van Herpen）等。他们通过开发开创性项目开辟了时尚科技这一线索，但在他们那里我几乎看不到流程创新。我们分析他们如何到达终端客户，会看到艾瑞斯·范·赫本制作的服装只供红地毯上的人们穿着。那么在她与像她一样做着同样事情的 Atelier Versace 之间会有什么区别呢？即使她使用缝纫工而不是数字机器。还有很多艺术家和教师试图将新技术应用于大众时尚，许多人都强调这些东西是存在的，但同时却又缺少设计和项目开发。在我看来，缺少的是像 Mylène 这样的人，或者缺少能够批判性地思考技术并理解如何将其应用于不同领域的设计师。新思维方式不仅是"品牌、目标、季节"，而且是从使用的技术到传感器收集并由开源电子原型平台（Arduino）处理的数据，直至进入数字世界，通过这种新的思维方式，公司才真正有可能实现创新。

6.3 战略规划

在与业务相关的能力领域，战略规划成为最相关的一项。在这里，特别强调了基于主要从数字平台上的用户行为中收集到的大数据集（所谓的大数据）进行分析的新决策模型。此外，应用于设计的业务能力可以支持创造性思维和战略思维的结合，紧密契合初创企业和公司的需求，支持快捷流程的部署和控制，解读他们的创造结果以确定最佳投资领域、最佳重点目标，以及多种赞助形式的创立，等等。

在与时尚技术加速器（FTA）首席执行官朱西·坎农（Giusy Cannone）的访谈中，这些话题得到了深化。一家致力于时尚行业创新的投资公司所关注的是在时尚行业引入创新元素的一些初创企业，包括试图通过创新解决方案优化流程的软件、应用程序、算法，以及商业比特币（BTC），引入如租赁、二手货品或在线联系消费者等新模式。

Giusy Cannone 访谈

在设计与新的颠覆性技术（即人工智能、物联网、大数据分析、区块链、3D 打印等）密切相关的时代，设计师的角色和身份是什么？

作为一个假设，我想预测的是我不认为设计师的角色会受到技术的阻碍，我认为我们应该致力于教育，说明技术总是为人服务的。

当然，利用有关特定群体中大部分人的数据，特别是通过来自社交媒体或其他娱乐渠道的相关信息（即媒体音乐服务平台（Spotify）使用数据分析软件引导用户进行个性化选择）时，可以分析人们的需求和欲望。这对创意人员来说非常有趣，尽管在时尚创新中使用数据有不同的方式：一方面，品牌［如奢侈品电商（Yoox）在他的系列 8 中］，通过使用人工智能研究以前的购买数据来指导客户选择，在这种情况下，创意人员可以通过收集想法，然后通过人类的创造力将其转化，进而从数字技术中受益。另一方面，人与技术之间的互动可以根据品牌的创新程度而有所不同，随着从仅通过实体渠道销售到通过电子商务销售发生的巨大变革，服装的数字化创作也将通过对内部流程进行令人难以置信的优化来改变游戏规则。创造数字服装可以更快、更轻易地实现，数字化还可以节省材料和时间：仅在 CAD 文件上更改细节与通过无数次改进来生产服装是不同的，一旦你有了一件数字化的服装，你就可以将它用于电子商务可视化或创建营销广告宣传以及艺术品等。

设计师的教育计划（尤其是时尚方面），应该如何发展以应对这种变化？

这是非常困难的，因为在我看来，这需要文化变革。从历史上看，时尚世界一直被认为远离科技世界，而且其思维方式更具分析性。然而我们看到，在新型创业公司中取得成功的专业技能人员有一项重要的分析能力：事实上，如果您是一个新兴品牌并想在线展示，您必须能够分析数据并确切地知道如何管理一个电子商务平台。不幸的是，据我在时尚界的经验而言，这一分析技能在学校中尚未普及，且往往未予以重视。社交媒体界也是如此，因为即使创意专业人员可以在各种渠道上创建

未来能力：创造力和设计力

引人入胜的内容，他们通常缺乏解读结果的能力，也无法确定在目标、赞助组合等方面的投资方向。

总而言之，在我看来，数字和技术世界不应与创造力相对立。要了解如何有效使用某些技术（如数据分析等），这一主题需要被纳入教育机构的课程规划中，并成为创新人才教育路径的核心。

您认为目前和不久的将来，会出现哪些与您的专业领域和时尚设计相关的新专业概况？

我看到与 CAD 和数字文件的创建与管理的相关方面都变得越来越专业化，但对于那些创建虚拟服装和在营销部门工作的人来说，这不是真正职业能力，而是基本能力。他们需要了解如何创建一个不是通过实物拍摄而是使用增强现实的矢量文件制作的营销活动。最近，我们创建了数字化身和虚拟环境中的时装秀，我们看到了时尚和游戏之间更多的交集。目前这些活动都是外围的，还不是核心的，但很快就会变成核心的。就像销售虚拟服装一样：在 FTA，我们有一家销售虚拟服装的初创公司（113×NDA），目前正考虑开设另一个需要不同技能的销售渠道。

另外，重申一下，分析师的个人能力将越来越重要。如今，各种在线平台上的所有品牌分析师都必须能熟悉分析软件，以便实时了解和确定同一服装的不同定价，了解要分析的内容，以及如何解释现有数据对于将结果转化为更好的业务决策的能力至关重要。

您认为这种创造性技能和数据分析的结合是集于一身，还是作为两个不同的个人一同开展工作？

在我看来，在这种情况下，没有必要有设计背景，但时尚公司必须为自己配备这类专业技能人员。然后，从我的观点来看，越是资源稀缺的初创企业，其专业技能人员越应具有横向技能（创造能力和分析能力），就越能为企业创造价值并提供创业动力。

有些较大公司实现了专业化，但我认为这些技能不一定为同一家公司所拥有。然而，正如我之前所说，在所有情况下，接受如何解释数据的基础教育都是必要的，但我认为这是一种不太专业的能力。

6.4 分析和数据管理

在技术领域，已出现的最有相关性的能力与数据分析有关，强调收集和分析大量信息并将其转化为能指导实际认识与理念，对推动业务增长的能力是十分重要的。

大数据现在很少用于设计，在时尚界，特定领域必然会忽视其具有颠覆现有市场结构的潜力。

然而，数据可以灵活而有效地运用于时尚品牌价值链的每一环节。例如，生成式对抗网络可以从一系列纺织图案中学习并生成新的图案，从寻找创意灵感开始直到制定并完善设计规划、生产、物流管理，以及最后的客户参与和售后策略。如今，每一环节都会产生数据，因此分析可以帮助价值链的任何阶段预测结果，并可收集其他有价值的、有助于深入了解行业的信息。

为了更好地探讨这个话题，我们采访了美国东北大学设计

未来能力：创造力和设计力

学教授兼米兰理工大学传播设计学院副教授保罗·丘卡雷利（Paolo Ciuccarelli），他的研究重点是用以支持复杂系统中决策过程的数据开发、信息以及知识可视化工具和方法。

Paolo Ciuccarelli 访谈

在设计与新的颠覆性技术（即人工智能、物联网、大数据分析、区块链、3D 打印等）密切相关的时代，设计师的角色和身份是什么？

通常，当您与我交谈时所指向的是数据可视化领域时，对我而言，它的定义实际上越来越狭隘，因为它并不能完全反映数据是什么，以及设计对于数据的作用是什么的观点与看法。

为什么今天的数据可视化有点狭隘？在我看来，这是因为数据应该被认为是一种新的设计材料，如同其他材料或新技术一样被运用于设计。数据是一种非常特殊的材料，承载着特殊的技术。然而，设计的作用并没有改变，它只是在其他材料的基础上再添加一种材料，以创造在特定条件下有意义的体验或界面。设计师只不过应用一个正式的操作来创建交互的形式和模式，而当这种新材料与其他材料相结合时，这些形式和模式会变得更有意义。这种观点可能与当今所有的颠覆性技术有关，无论是大数据、算法还是物联网，事实上，它们都是同一个家族的成员，因为它们都是管理和交互数据的方式。

显然，设计师必须了解这种材料，就像体验并了解所有其他材料以及处理它们的技术一样。这既适用于传统材料，也适用于新材料，因此我们必须了解复合材料及其变革性技术是什么。我们必须了解什么是算法，以及可以使用哪些技术来处理数据。

　　这种新材料的一个独特元素是无形性。所有其他材料都存在于自然界中，但数据是人类创造的，我们任何人都可以通过传感器和设备产生数据。这些特性是独特的，并带来了一系列其他材料所没有的问题，如个人隐私和伦理问题。因此，这里显然需要扩大设计教育中的技术库以接受这种材料，无论是在时尚设计、室内设计还是信息设计中。最后，数据的另一个特点是它无处不在。因此，今天没有哪个行业不将数据作为其流程和业务模型的组成部分，正如我们有培训班来教学生如何熟练地使用某些材料，我们对数据也应如此，因为它们是用户体验的重要组成部分。

　　虽然可视化仍然是通过设计处理数据的主要方式之一，但是我现在正更多地尝试其他可能性，如数据声音化或数据物理化，就是改变语言和形式。

　　设计师的教育计划（尤其是时尚方面），应该如何发展以应对这种变化？

　　对于学习如何创建数据模型所需的设备，计算机就足够了，更重要的是创建一个虚拟实验室，它不是物理的，而是一个环境。在这个环境中，学生可以体验数据、玩数据并了解算法是如何工作的、存在什么样的算法以及它们如何能够成为设计过程的一部分。

　　在东北大学的设计中心，我正在尝试为这种技术创建一个平台，让学生可以访问并使用这种技术，这样他们就拥有可以访问某些特定类型算法的界面，并看看这些算法如何有助于他们产生形状或体验的能力。例如，当我正在构思一款新式服装设计的新方案时，创建形状的算法和神经网络可以产生上千种不同的选择，但它们仍需要人类的贡献和智慧，但如果我不知道什么是数据、这些算法如何工作以及如何使用，这显然是不可行的。

米兰理工大学推出了专门针对这一问题的课程，即使这些课程往往更多地趋向信息设计方面，但每个人都应该参加像创意编码这样的课程。这样的时装设计创意编码的课程可包括关于数据的一般性知识内容，必要时可以进行调整，以适应该学科的具体特点和要求。虽然目前暂没有此类课程，但是迟早会出现，因为数据是当今最强大的材料之一，对用户体验有很大的影响。

根据您的经验，您认为目前和不久的将来会出现哪些与您的专业领域和时尚设计相关的新专业概况？

我看到了两个阶段：当前的一个阶段涉及特定的专业技能，这种能力与创意编码类似，是与众不同的，介于计算机工程、设计和艺术之间的专业技能被认为是混合体，但在未来的第二个阶段，我认为这种类型的特异性将会消失，因为它将成为设计师中能力不可或缺的一部分。

数字产品也出现了这种情况，在某种程度上，我们仍然在拖长这种区别，其中数字化与某些独特学科是不同的。例如，我们有一些学科被暂时归类为数字学科（数字人文科学，数字转型）。实际上，我认为这是一种具有数百年历史的变革，它只是采用目前属于新科技的某些技术，据此，我们觉得有必要给它们贴上标签加以归类。因此，新一代专业技能人员将是临时的，带有包含某种形式的数字或数据字样的标签。之后，这将成为许多设计师设计活动中一个不可或缺的组成部分，像所有技术一样，一个人可以决定专攻，在专攻的道路上甚至可能有不同的具体方向，但我认为基础培训对每个人都有用。

　　目前，各公司正在努力寻找挖掘这类专业技能人才。我们也一直在米兰理工大学的一个研究实验室（Density Design）努力寻找以便发现他们，因为我们需要对材料非常了解并且在信息设计方面也能胜任的人，但现在没有一所大学能够培养这类专业人才。

6.5　未来时尚职业技能和缩小技能差距的方法

　　通过专家访谈要调查的最后一个要素是在整个研究路径中出现的学术界和产业界之间建立一个更强大的联系。这种协同作用可以使双方发展、交流观点和知识，并培养更适合未来公司的专业人员。这里出现的需求涉及培训方法和时间的更新，以及之前采访中强调的所有具体教育内容。

　　目前，价值似乎是通过汇集、整合和组织一部分个人所持有、沉淀和转化的知识来构建的，且超越了公司的边界（德文波特和普鲁萨克，1998）。这种对个人而非物质资源的关注使教育机构成为当下辩论的中心：学校和大学作为知识工厂，负责培训人力资源，以应对来自市场和社会的新刺激，并为年轻一代提供未来工作所需的复杂技能和认知能力（贝托拉和万迪，2020）。现在的挑战是重新连接学科和不同类型的专业知识之间的联系，这些专业知识过去汇集于不同的、彼此分割的领域里，而现在已经变得难以置信地交织在了一起。单一的特定学科不会消失，但学术研究人员、教育工作者和行业专业人士必须向未来的设计师传授一套全新的技能，从而将特定知识转化为其他横向视角。

为了深化这个话题，我们与负责代表整个时尚行业，现任意大利时尚工业联合会"劳资关系和培训"服务总监的卡洛·马斯切拉尼（Carlo Mascellani）进行了讨论，涉及与职业、技术和专注于时尚行业的大学培训、学校和专业方向以及继续教育相关的一些问题。下面，他就应用于时尚系统的新兴职业和特定教育路径提出了自己的观点。

Carlo Mascellani 访谈

就您看到的角色、能力和职业形象而言，时尚产业的身份是如何变化的？

考虑到我不是时尚界的专家，我处理的主要是劳资关系以及商业与教育界之间的关系。因此，根据我的经验，下面就和您谈一些可能属于一般类型的与数字领域相关的看法。

意大利纺织服装工业联合会是纺织和服装公司协会，意大利时尚工业联合会是所有时尚行业的联合会，包括珠宝、鞋类、皮革制品、眼镜等。在过去的几年里，意大利纺织服装工业联合会与意大利时尚工业联合会达成绝对一致，对时尚行业的专业技术进行了重新评估，这些专业基本上仍然属于传统的行业，在许多情况下仍然具有明显的手工技能属性。这些既应该从狭义的工业生产的背景下看待，也应该从与一般商业模式更为相关的角度来看，包括物流、营销、传播和分销等各个方面。必须在数字化和工业 4.0 的背景下重新审视这些传统的行业。在这个阶段发生的事情，几位企业家强调了这一点，就是新技术被嫁接到典型的传统时尚行业中，这些行业仍然起着十分重要的作用。

图案师必须知道如何介入面料，必须了解织物和纤维，知道如何进行设计并将其转化为工业产品，还必须按照传统的、几乎是手工的、传统的标准来完成这项工作。当然，为了做到这一点，她现在拥有了更为强大的工具，她必须使用这些工具，必须将传统行业和数字工具方面的知识结合起来。今天，专业的创新有时会掩盖那些显然可以在学校获得的传统方面的知识。

与公司的关系不仅在培训结束后至关重要，而且在培训过程中也是如此。课堂与生产过程之间要更好地沟通并保持良好的关系，即对专业的理解，如果在其生产制造地（公司内）直接解释这些内容，效果会更好。

因此，我们必须找到能使双重培训更为有效的方法。不幸的是，在意大利，我们还没有找到正确的路径，所以我们感觉培训过程与公司内的应用及在学校所获知识两个环节之间存在明显断带。应该把这两个环节结合在一起，这既有益于对那些在公司运用所学理论知识的年轻人的培训，也有益于公司，因此可以与以新员工角度构建培训环境，以建立更为直接而有效的关系。

今天想要在时尚界工作的人应该遵循什么样的教育路径？关键和重要的能力是什么？

有一点十分明确，我们需要在各个层面增加培训基础。如今，受过基础教育的工人需要接受数字和电子技能方面的深入培训，以了解自动化生产流程。尽管时尚行业比其他行业存在着更多的一些较为重要的手工技能，但随着自动化程度日趋提高，工作所需的知识化程度也不断提高。因此，培训必须尽可能多地与公司的实际工作联系起来，以便使职业培训既针对技术教育层面也针对高等教育层面，包括智能教学（ITS）和大学。我们认为技术教育和智能教学是培训的核心。

在时尚界，有很多经验丰富但没有受过任何教育的中层人物，我指的是部门负责人，他们了解生产流程和产品细节。但这些人物在时尚界已经过时了，很快就会退休，并且没有人可以替代。人们认为，至少就基本培训而言，技术教育的水平足以取代这一代技术人员和工艺管理人员。因此，我认为应该从教育机构和公司二元性的角度重新评估技术教育及大学教育这与公司的需求密切相关。

然而，目前没有专门针对时尚的大学教育，设计已经是一个特定的领域，但没有时尚学院。在现有开设硕士学位课程的学校范围内，有化学、数学等学院，作为一个协会，我们意识到，多年来从事大学硕士学位教育的人和公司之间的关系并没有那么活跃，但这种关系其实是可以得到改善的。

您如何看待发展行业与教育之间的关系，您认为专门应用于时尚领域且有益的行业与教育的关系会是什么样的？

如前文所述，行业和教育领域必须重新开始相互对话。近年来，意大利时尚工业联合会和意大利纺织服装工业联合会重新激活了这些沟通渠道，其中一个重要方面是重新评估那些负责时装秀或纯粹款式风格的人背后的时尚职业形象，正是这些专业使得时尚业在意大利成为雇用了大约 58 万人的一个行业，我们已经与在米兰、佛罗伦萨、威尼斯和罗马设有主要教学中心的时尚学校建立了合作关系，考虑到这些学校约有 50% 的外国留学生，这是一个特殊的情况，所以这一讨论将进一步深化。

作为一个时尚公司的系统，它还没有一个结构化的关系，而这一关系可以成为未来共同思考和工作的轨道。这是一个有待在各个机构共同倡议的基础上进行讨论的话题。确实，这些对话本可以在新冠肺炎疫情前六个月就已经进行了，但新冠肺炎疫情之后的情况还不清楚，我们当然知道时尚产业不会终结，这个产业对我们的国家具有重要意义。我们研究中心的数据表明，2019 年，58 万名员工的营业额为 960 亿～980 亿元。这些数字代表了全球范围内的能力和价值，因为意大利时尚业在世界上是独一无二的。法国有金融集群，但没有严格意义上的产业。要找到像意大利那样完整的时尚产业，我们必须去远东国家，但这些国家有着不同的特点，意大利的时尚无论从管理还是技术的角度都具有显著的定性和定量价值。简言之，从设计师到供应链物流和高层管理都值得关注。我们当然也可以在代表时尚的公司协会（如意大利时尚工业联合会）和拥有重要技能的大学（其质量水平尚属未知）之间开展更大规模的协同，同时也可以在运营上开展合作。

7

远程学习和教学模式：
设计师教育的前景和演变

瓦莱里娅·伊安尼利（Valeria Iannilli）[a]、苏珊娜·桑卡萨尼（Susanna Sancassani）[b]

a 表示米兰理工大学设计部
b 表示米兰理工大学政策部

7.1 新技术、新工厂和当代人力资本的性质

全球化与技术变革一起，突入后现代，将沟通、流动性和连通性置于各种关系的中心。数字技术、设计思维、社交媒体和物联网的扩展主导着日常事务，并回归新的复杂形式。

地方和全球融入网络，并通过新的和更复杂的工业、社会文化和媒体整合形式启动关键的融合与兼容过程。

产品主导原则让位于服务主导原则（默茨和瓦戈等，2009），服务被公认为是生产和消费过程中的成功因素，并成为体验设计发展的基础。

消费者的选择与这些新社区共享的价值观相关联，并从单纯依赖于有形产品和服务供应链转变为对开放和参与的依赖，这种开放和参与体现在功能、活动以及基于更合乎职业道德的消费维度的责任和体验。

在这种地方和全球之间的准平衡系统中，没有对应，只有共存（塞雷斯，1980），新的数字网络激活的文化和经济情景使小型企业、个人和微型产品能够进入他们以前无法进入的市场。技术与传统元素交织在一起，物体失去了它们的象征功能，取而代之的是更具经验和感观体验的解读。当新兴技术不仅是一种工具，而且是符号学技巧，它们就变成了敏感和感觉的联合体（福柯，1976）。也就是说，它们对一系列观念、意识形态和表现进行，影响和改变了社会行为和身份构建过程；"从这个意义上说，技术是体验性的中介，它们共同创造常规生活和日常行为，改变人与人、人与物体、空间、时间以及与身体

之间的关系，帮助产生新的主体性"（巴伦和巴尔巴蒂，2020）。这些数字产品的功能通过技术得到增强和启用，它们智能且响应迅速，基于先进传感器的实验应用实现智能化，并且能够通过互联网与个性化和用户配置应用程序进行交互。网络技术实现了可追溯性、透明度和真实性。城市的具体、可测量和有形的空间接纳并整合了由数字技术和全球进程增强的城市新景象，在现有曲面之间出现了虚拟关系，同时它们还创建新的曲面。智能工厂代表着当代的乌托邦，这是一个尚未建成的空间。然而，乌托邦通常被认为是"不成熟的真理"（拉马丁，1848），因为乌托邦是一种期待，甚而意识到现实需要、理想和社会现实之间存在的距离。乌托邦"扩大了被接受为可能或甚至可以想象的事物的极限"（巴伊科，1978）。乌托邦也是阿德里亚诺·奥利维蒂创建的实验工厂预期和创新模式的基础，这也是第一个高效且对社会负责的商业模式（加利诺，1960，1961，1972）。一个涵盖了时代文化前沿的愿景：复杂性的视角、建构主义教学模式和行动科学。一种环境：其中新事物是"生成"的，而不是计划出来的。为新产品创意成立了多学科小组，"一个由工程师、数学家、物理学家、逻辑学家、建筑师、城市规划师、平面设计师、社会学家、管理者、作家、诗人、哲学家、年轻人组成的意大利在那个时期提供的最好的群体……"（哥伦巴和奥蒂里，2019）。一家公司：其领导力被解释为一种"嵌入参与者之间互动"的现象（博奇，2011），并将异构和多学科团队的工作组织作为优先事项。阿德里亚诺·奥利维蒂（Adriano Olivetti）的观点是一个乌托邦式的愿景，但他坚定地植根于伦理、社会责任和环境可持续性的理念，这些理念以根深蒂固的设计和创新文化为准则。一种模式：现在，它十分显著地再次出现于文献和项目中，这些项目专注于人力资本的构成，以更好地应对我们当前的科学、文化和社会挑战。

7.2 不断变化的学习和教学范式中设计的相关性

乌托邦也是指导设计诞生地学校课程中富有前瞻性的愿景。同样的未来概念也是在意大利米兰理工大学开展的第一个设计研究课程（1993）项目的基础，这是一门专注于以科学为基础的设计理论和思想的学习课程，能够创造对社会有用的先进技术产品，以培养托马斯·马尔多纳多（Tomás Maldonado）定义的"技术知识分子"：既懂理论又懂实践的人。尤其是米兰理工大学设计学院，更倾向于采用与工业和专业领域紧密协同的多学科教育模式，并将"设计"理解为与文化、社会、生产以及经济、科学研究和技术相关知识之间的复杂综合体。

此外，关于时尚设计（学士和理学硕士）的教学模式，不是按照最流行的时尚设计学校的服装工作室模式来设计的，而是以设计为驱动力，这符合意大利的设计传统，也与乌尔姆的体验息息相关。

在技术和科学与人文学科相结合的多学科背景下，作为对创造力的支持，项目工作的态度无疑有利于解释设计的程序性、技术性、系统性和与研究密切相关的维度。大学教育系统转变了其模式，以应对当前的科学、文化和社会挑战。

在流动性和多维性的现代社会（鲍曼，2000），想象力不再是一个"残留的事实"，而是日常生活和消费的一个组成部分（阿帕杜赖，1996）。想象意味着"知道如何可视化"，并将认知思维转化为视觉图像、场景、可投射的空间和可理解的空间，在这些场所中，遵循塞尔（Serres）的观点为"思想就是预期"。

曼兹尼（Manzini，2004）谈到了"外延性的设计"。他说，"设计活动已经从设计师和建筑师工作室以及公司的产品开发办公室走出去，成为一种普遍现象……人们必须进行规划和制定战略，也包括公司、公共管理部门、文化机构、志愿服务协会、城市和地区"。

在这种背景下，设计可以成为一个强劲的创意引擎（贝托拉和特尼森，2018）、一个创新的"代理人"（班纳吉和凯里，2016；贝托拉和凯里等，2016）和一个语言经纪人（维甘提，2010）。

设计师需要接受培训，以在不同学科之间架起桥梁，并从专业角度理解任何问题，同时他们也需要能够通过对话将设计与其他技能和能力联系在一起（贝托拉，2018）。

一方面，最近的教学研究正在挑战基于垂直专业化的传统教育模式，支持能够将垂直技能与水平技能相结合的新混合路径。另一方面，大学与相互影响和相互依存的产业和治理系统一起，成为创新过程的一部分（特里普勒·赫里克斯、埃兹科维茨和莱德斯多夫，2000）。

大学以经济、政治和社会决策者为背景，通过支持更多的关系导向和联系来鼓励新的教学路径，向实现新形式的紧密合作和相互交流为目标的领域拓展。

欧洲的教育需要有效的创新，以便在整个系统中产生必要的高质量学习成果。大学因其与企业的相互联系而成为创新的积极推动者。欧洲大学协会（European University Association）2019年进行的一项题为"大学在区域创新生态系统中的作用"的研究，认识到大学、公司、政府机构和其他公共组织之间不断变化的互动性质和质量。"知识创造在后工业经济和社会中的核心性赋予了大学在社会中的关键作用，在区域间寻求增加联通性以推动创新动力的过程中，大学的新中心地位与它协调多行为者创新网络的作用密不可分。"

当代城市生活在两个不同的空间中，它们在某些方面有所不同，甚至相互矛盾，一个是物理—区域化的人且邻近相互作用的空间，另一个是超越局部区域的、虚拟的或拓扑的路径和网络空间（菲奥拉尼，2005）。当代"网络游牧式特征"的趋势（马费索利，2000）和"可移动边界"（罗马诺，2004）的出现，为跨国和跨地区的学生流动提供了条件。这种高度流动性（乌里，2012）不仅涉及人们身体的物理位移，而且还涉及这些人在社会功能和转换过程中所起的积极作用以及他们在所经过的地域环境内的位置调换。在这种情形下，我们可以看到与日常生活、社会社区（物理和虚拟）、活动领域、教育过程以及传播知识变革手段相关的新理念与规则体系。

我们正在见证传统上与教育过程相关的物理和具体场所、工具和方法的非物质化。新技术扩展了空间，支持并触发了复杂的关系过程，用作区域构成的规范位置向外迅速膨胀扩大，超越了可测量空间的边界，面对的是时空系统，而不是"局域"的网络。

学生可以在学校、家里、图书馆、公园学习，也可以在数字社区网络或数字和全球培训平台上学习。后现代性让我们回到了埃列诺拉·菲奥拉尼（Eleonora Fiorani）定义的dappertutità 领域（菲奥拉尼，2005），中心无处不在，无处不是中心。以先和后为特征的线性时间被多维概念所取代，作为一种实际的持续时间，不是数学类型，而是连续的流动（柏格森，1900）。通过论坛、社交媒体、面对面研讨会，学习社区的协作、共享和自组织，同样也包括可访问的网络，学术知识更接近于创业知识，也更接近于日常实践和初创企业的知识。

这是一个开放的系统，确保其成为开放式创新所必需的工具性知识的开源（切斯布罗，2003）。

在专业领域、培训过程和指导创新过程中所需的能力方面的影响在现在看来是显而易见的。

一方面，智能行业导致一些专业人员的消失；另一方面，它又强化了对新的专业人员以及对现有专业人员更新的需求。除了学科知识，更笼统地说，除了所有传统上与时尚系统相关的能力之外，还需要将社会、管理和问题解决性质的横向知识与设计应用知识更紧密地结合起来（贝托拉，2018）。

教与学方面的新技术（电子学习体验、移动学习：移动应用程序和技术、混合学习和翻转课堂、虚拟学习环境［VLE］、学习管理系统［LMS］和构建虚拟社区）可以更好地满足与深刻变化的社会经济背景相关的持续培训的需求。其中，慕课（MOOCs）代表了一种能够在学生、教师、企业和意见领袖之间建立新社区的新兴模式。同时，就创建高度个性化的培训路径的可能性而言，它们使用户具有更大的空间和时间自主权。

其目的不是颠覆传统教学，而是通过新数字技术所代表的一种改进行动的各个方面来丰富传统教学，大学被要求开发新的专业课程和内容，以弥补市场需求和技能供给之间的差距，从而从多层次的角度进一步推动对时尚与数字技术之间的新联系。

7.3　作为慕课系列设计参考工具的学习创新网络

7.3.1　"教学创新"介绍

"教学创新"是当今欧洲和世界各地高等教育机构战略的主流关键词（伊纳莫拉托·多斯桑托斯等，2016）。尽管我们不能指望有一个共同的、成熟的"教学创新"理念，但是在过去的几年中，越来越多的研究人员和实践者将其视为能够在以学生为中心的教学过程中改变传统透镜式教学实践的战略并予以实施。在支持性环境中激发学生主动学习，让他们参与真实的和现实生活中的问题解决（布兰登，2004），这一定义得到了进一步发展，因为它还涉及能够培养学生创造性潜力的创新性教学（费拉里等，2009）。在这一框架内，现在更广泛的关注在课堂内外应用的教学方法：相对较新的侧重于主动和协作学习的方法，如翻转课堂等越来越被普及（卡博特伊尔古等，2017）并对连接主义教学范式予以新的关注。

这一讨论的重点是要应用的方法，而对变革管理策略的关注相对较低。从这个角度来看，有趣的是，教师的积极性很弱，他们通常不被视为关键角色，而主要被视为"需要克服的问题"，基本都会受到"变革阻力"的影响（尤贝尔，2016）。这种缺乏对教师作为教学创新引擎和促进者作用的关注，在教学创新设计方法的总体过程中体现得尤为明显，教学创新设计方法通常被视为实施教学创新举措的战略工具，其很少关注对于能够激励教师成为教学创新过程的真正创造性主导者的方法。下文中，提出了促进教师成为学习创新驱动者的前进动力，基于设计学科交叉融合后的学科专业，特别关注"服务设计"（梅洛尼和桑吉奥吉，2011）和"体验设计"（哈森扎赫，2010）。

7.3.2 "大变革"的新技能

"大变革"是贝恩公司几年前发布的一份著名报告中为我们即将经历的历史时期所创造的定义。从教育的角度来看，作为最初的假设，这种颠覆性观念意味着我们必须对建立"文化生存工具箱"予以全新的关注。在我们的愿景中，这些"背包"的主要组成部分之一应该是跨学科思维方式，使学生能够更深层次地整合不同类型的知识、能力和技能，以便他们能够不断地去改变外部世界，也重塑自己。

"跨学科"的术语及其概念本身由埃里希·詹奇和让·皮亚杰于1972年提出，随后由巴萨拉布·尼科尔斯库广泛发展，所以这一切都是新的。但是新出现的观点是，跨学科是对我们必须超越学科以创造新意义的新需求的回应。我们需要新的知识形式，其有可能为超级复杂和多维的问题，即所谓的"棘手问题"，创造新的有效解决方案，而不仅仅是找到它们（布朗、哈里斯和鲁塞尔，2010），因为这些问题是由世界之间的交集（如数字和时尚）所创造的。

在这个困难但并非不可能的挑战中，设计开发有关 Digi-MooD 的慕课系列课程的教师团队可以依靠其创造力、与国际同行的交流，也可以依靠伴随其沿着这条道路前进的概念工具达到他们的期望。

7.3.3 学习创新网络：支持教师设计学习体验的设计工具

学习创新网络是一种学习创新设计工具，在米兰理工大学所属的设计学院被广泛采用，它能够激发教师对学习体验以及他们在充分尊重自己的教学风格的情况下扮演的"创新促进者"角色的新愿景。

因此，学习创新网络同时作为"共情对话催化剂"和"新思想启发工具"，指导和支持教师与专家设计师之间的对话（见图7-1），以便：

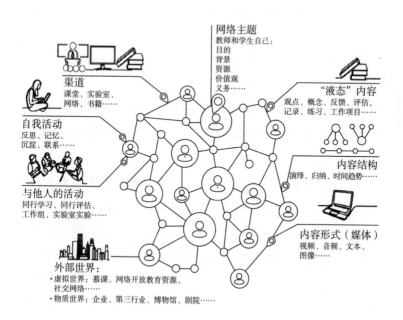

图7-1 学习创新网络的可视化展示

- 提高他们对学习驱动力的认识，认识到他们在其中的作用；
- 帮助他们关注事实所感知或出现的问题和局限性；
- 激发他们扮演"有用学习创新设计者"角色的兴趣；
- 通过确定计划和实施学习创新的主要行动，启动学习创新的过程。

正如在传统的学术环境中，创新学习路径的关键引擎仍然是教师，学习网络的主要目标是激发教师在设计他们信任和感到完全满意的策略方面的创造力；教师被力挺成为主要的"设计师"，能够强调他们自己的才能和他们自己特定的"教学风格"。激发学习创新网络的概念和运作的支柱是：

- 定向叙事，埃文森（Evenson）于 2006 年在体验设计中引入的一种工具，旨在探索行为。
- 共情对话，2006 年由莱梅克斯（Raijmakers）提出，将环境分析阶段和创造合作背景联系起来。
- 多智能体系统信息图（帕奎特和帕里克，2005）用于映射和设计关键节点之间物理和虚拟交互中产生的学习体验："学习参与者"。

一开始，确切地说，为了专注于保持和提高教师整合自己教学风格的可能性，学习创新网络不能被严格定义为"以学生为中心"。学习创新网络节点由在知识转化过程中相互作用的所有参与者组成，教师和学生是不应被视为具有约束力的类别，同行学习者网络中，每个人都扮演一个角色，希望实现其知识、技能和风格体系的持久转变，同时促进这种转变成为网络学习的其他组成部分。

关键概念是，能够促进学习的经验从"人们"之间的知识共享中产生（每个学生及其当前和过去几年的同事、教师及其合作者或同事、外部对象，如读过的书籍的作者、家庭、文化外部参与者等），这些人活动于某一环境，并通过"沟通渠道"相互联系，使他们能够共同塑造一个学习体验发生的网络：学习创新网络。

"学习创新网络"是一种学习创新设计工具，它能够激发教师对学习体验和他们在自己教学模式方面作为"创新促进者"的作用和职责产生全新的认识。

参考范式是一个多智能体系统信息图，其中教师可以在学习网络中自由移动，学习体验也因关键节点（"学习参与者"）之间的交流而得以提升。得益于映射活动提供的纵观全局的视野，教师们受到激励，而反思参与者、目标和制约因素，同时也得到支持从而在创造性和综合性的背景下设计变革性协作体验（渠道、活动、内容、与外部世界的关系等）的所有组成部分（物理和数字），将重点从传统学术机构仍然根深蒂固的"以内容为中心"的方法转移到新的跨学科方法，这一新方法为充满"棘手问题"的新环境所需要，我们的学生将在其中参与各种学习活动。

学习创新网络的一个必须予以特别关注的组成部分是"外部世界"的作用，它可能是学习路径的相关部分，也可能是学习创新的关键驱动力。与我们业内各领域中知识生产和再生产的所有参与者进行更深入和更广泛的互动，有助于我们设计创新学习路径，它不仅必须是多元化参与者和相互关联的，而且必须是混乱的、动态的，难以控制的，或者说是"根茎式的"，受到来自德勒兹（Deleuze）和加塔里（Guattari，1980）的灵感启发。他们使用"根茎"和"根茎状"来描述允许在知识构建和表示中使用多个非等级性的入口和出口点的理论。根茎式方法反对传统的、层次式的、树状的知识概念，它适用于二元论范畴和二元选择。根茎式方法采用平面和跨物种连接，而树状模型采用垂直和线性内部连接。以这种知识生产和再生产模式的观点下，学习创新网络可以促进教师参与知识的再现、形式化和共享，它不仅对高等教育极有价值，而且对我们社会的主要参与者：公司、GLAMs（画廊、图书馆、档案馆、博物馆）和学术机构、第三部门、公民也非常有益。

　　学习创新网络在其自身结构中，作为操作工具，没有任何层级组织：学习创新网络的每个组成部分都可以作为学习创新设计的起点，模型的多次迭代可以提升结果的内部一致性。

参考文献

简介

[1] Antonietti, P. , Bertola, P. , Capone, A. , Colosimo, B. M. , Moscatelli, D. , Pacchi, C. , Ronchi, S. "Poli-Mi 2040-Documento di lavoro sul futuro della formazione universitaria", 2019.

[2] Autor, D. "Skills, education, and the rise of earnings inequality among the 'other 99 percent'". Available at: https: // pdfs. semanticscholar. org/cfae/3605dc734958aed78fb83b751e4edd6 73a84. pdf Accessed: 20-november-2020.

[3] Autor, D. H. , Dorn, D. "Inequality and specialization: The growth of low-skilled service employment in the United States", MIT Working Paper, 2010.

[4] Barber, M. , Donnelly, K. , Rizvi, S. "An avalanche is coming. Higher Education and the Revolution Ahead". Available at: https: //www. studynet2. herts. ac. uk/intranet/lti. nsf/0/684431D-D 8106AF1680257B560052 BCCC/ $FILE/avalanche - is - coming _ Mar2013_ 10432. pdf [Accessed: 20-november-2020].

[5] Brynjolfsson, E. , McAfee, A. *Race against the machine: How the digital revolution is accelerating innovation, driving*

未来能力：创造力和设计力

productivity, and irreversibly transforming employment and the econo-my. Massa-chusetts: Lexinton, 2011.

[6] Cautela, C. , Mortati, M. , Magistretti, S. "Design Thinking e IA", *DIID*, 66 (4), 80-89, 2018.

[7] European Commission. "A new skills agenda for Europe - Working together to strengthen human capital, employability and competitiveness". Available at: https: //ec. europa. eu/transparency/ regdoc/rep/1/2016/EN/1-2016-381-EN-F1-1. PDF [Accessed: 20-september-2020].

[8] European Economic and Social Committee, "Impact of digitalisation and the on-demand economy on labour markets and the consequences for employment and industrial relations". Available at: https: //publications. europa. eu/en/publication-detail/-/publication/76ee1cd7-6b63-11e7-b2f2-01aa75e-d71a1/language-en [Accessed: 20-september-2020].

[9] European Parliament Research Service. "Digital skills in the EU labour market: In-depth analysis". Available at: https: // op. europa. eu/it/publication-detail/-/publication/cb9ff 359-e2c9- 11e6-ad-7c01aa75ed71a1 [Accessed: 20-september-2020].

[10] Fosty, V. , Eleftheriadou, A. "Doing business in the digitalage: the impact of new ICT developments in the global business landscape". Available at:file: ///Users/marziamortati/Desktop/eudigtrends_ presentation_v3_en. pdf [Accessed: 20-november-2020].

[11] Frey, C. B. , Osborne, M. "The Future of employment: How susceptible are jobs to computerization?". Available at: https: //

188

www. oxfordmartin. ox. ac. uk/downloads/academic/The_Future_of_Employment. pdf 〔Accessed: 20-november-2020〕.

〔12〕 Frey, C. B., Osborne, M. A. "Technology at Work -The Future of Innovation and Employment". Available at: https: // www. oxfordmartin. ox. ac. uk/downloads/reports/Citi_GPS_Technology_Work. pdf 〔Accessed: 20-november-2020〕.

〔13〕 Hicks, M., Reid, I., George, R. "Enhancing on - line teaching: Designing responsive learning environments", *International Journal for Academic Development*, 6 (2): 143-151, 2001.

〔14〕 Kizilcec, R. F., Saltarelli, A. J., Reich, J., Cohen, G. L. "Closing global achievement gaps in MOOCs", *Science*, 355 (6322): 251-252, 2017.

〔15〕 Moretti, E. *La nuova geografia del lavoro.* Milano: Mondadori, 2013.

〔16〕 Williams, C. "Learning On-line: A review of recent literature in a rapidly expanding field", *Journal of Further and Higher Education*, 26 (3): 263-272, 2002.

〔17〕 World Economic Forum. "The future of jobs: Employment, skills and workforce strategy for the fourth industrial revolution". Available at: http: //www3. weforum. org/docs/WEF_Future_of_Jobs. pdf 〔Accessed: 20-september-2019〕.

第 1 章

〔18〕 Anderson, C. *La coda lunga. Da un mercato di massa a una massa di mercati.* Torino: Codice Edizioni, 2008.

［19］ Baricco, A. *The Game*. Milano: Einaudi.

［20］ Berg, A., Hedrich, S., Lange, T., Magnus, K., Mathews, B. (2017). "Digitization: The apparel sourcing caravan's next stop". Available at: https://www.mckinsey.com/~/media/mckinsey/industries/retail/our% 20 insights/digitization% 20the% 20next% 20stop% 20for% 20the% 20apparel% 20sourcing% 20cara - van/the-next-stop-for-the-apparel-sourcing-caravan-digitization. pdf ［Accessed: 20-september-2020］.

［21］ Brynjolfsson, E., McAfee, A. *Race against the machine: How the digital revolution is accelerating innovation, driving productivity, and irreversibly transforming employment and the economy*. Massa-chusetts: Lexinton, 2011.

［22］ Cross, N. "Designerly ways of knowing", *Design Studies*, 3 (4): 221-227, 1982.

［23］ Cross, N. "Designerly ways of knowing: Design discipline versus design science", *Design Issues*, 17 (3): 49-55, 2001.

［24］ Dorst, K. "The core of 'design thinking' and its application", *Design Studies*, 32 (6): 521-532, 2011.

［25］ Dubberly, H. "Space of Design+Lenses on Design". Illinois Institute of Technology, Institute of Design Chicago. Available at: http://presentations.dubberly.com/Space_of_Design.pdf, 2014.

［26］ European Commission. "A new skills agenda for Europe. Working together to strengthen human capital, employability and competitiveness". Available at: https://ec.europa.eu/transparency/regdoc/rep/1/2016/EN/1-2016-381-EN-F1-1. PDF

［Accessed：20-september-2020］．

［27］ European Economic and Social Committee．"Impact of digitalisation and the on-demand economy on labour markets and the consequences for employment and industrial relations"．Available at：https：//publications. europa. eu/en/publication-detail/-/publication/76ee1cd7-6b63-11e7-b2f2-01aa75e-d71a1/language-en ［Accessed：20-september-2020］．

［28］ European Parliament．"Report on a coherent EU policy for cultural and creative industries（2016/2072（INI））"．Available at：https：//www. europarl. europa. eu/doceo/document/A - 8 - 2016 - 0357_EN. html ［Accessed：20-september-2020］．

［29］ European Parliament Research Service．"Digital skills in the EU labour market：In-depth analysis"．Available at：https：//op. europa. eu/it/publication - detail/-/publication/cb9ff359 - e2c9 - 11e6-ad-7c01aa75ed71a1 ［Accessed：20-september-2020］．

［30］ Findeli, A. "Rethinking design education for the 21st century：Theoretical, methodological, and ethical discussion", *Design Issues*, 17（1）：5-17, 2001.

［31］ Frey, C. B., Osborne, M. A. "The future of employment：How susceptible are jobs to computerisation?"．Available at：https：//www. oxfordmartin. ox. ac. uk/downloads/academic/The _ Future_of_Employment. pdf ［Accessed：20-september-2019］．

［32］ Friedman, K. "Models of design：Envisioning a future design education", *Visible Language*, 46（1/2）：133-153, 2012.

［33］ Fuller, R. B. *Critical path.* New York：St. Martin's

Press, 1981.

[34] Geertz, C. *The Interpretations of Cultures.* New York: Basic Books, 1973.

[35] Gropius, W. (1962). "Is There a Science of Design?", *Magazine of Art*, 40 (Dec. 47), reprinted in *Scope of Total Architecture* (New York: Collier Books, 1962), 30–43 (1st ed. 1954).

[36] Knapp, J., Zeratsky, J., Kowitz, B. *Sprint: How to solve big problems and test new ideas in just five days.* NY: Simon and Schuster, 2016.

[37] Lawson, B. *How Designers Think. The Design Process Demystified.* Oxford: Architectural Press, 2007.

[38] Lawson, B., Dorst, K. *Design Expertise.* Oxford: Architectural Press, 2009.

[39] Margolin, V. *Design Discourse. History, Theory, Criticism.* Chicago London: The University of Chicago Press, 1989.

[40] Norman, D. "Why design education must change", *Core77*, 11, 26. Available at: http://www.core77.com/blog/columns/why_design_education_must_change_17993.asp [Accessed: 20-september-2020].

[41] Oh, Y., Ishizaki, S., Gross, D., Do, E. "A theoretical framework of design critiquing inarchitecture studios", *Design Studies*, 34 (3): 302–325, 2013.

[42] Papanek, V. *Design for the Real World: Human Ecology and Social Change.* New York: Pantheon, 1972.

［43］ Rittel，H. "On the planning crisis. Systems analysis of the 'first and second Generations' ", *Bedriftsokonomen*，8：390－396，1972.

［44］ Schön，D. *The reflective practitioner：How professionals think in action*. New York：Basic Books，1983.

［45］ Simon，H. A. *The sciences of the artificial*. Cambridge，MA：MIT Press，1969.

［46］ Stickdorn，M.，Hormess，M. E.，Lawrence，A.，Schneider，J. *This Is Service Design Doing：Using Research and Customer Journey Maps to Create Successful Services*. Canada：O' Reilly Media，2018.

［47］ Suchman，L. *Plans and situated actions*. Cambridge：Cambridge University Press. Wang，T. 2017. "The human insights missing from big data". TEDTalk. Available at：https：//www. youtube. com/watch? v = pk35J2u8KqY ［Accessed：20 – september－2020］.

［48］ World Economic Forum. "The future of jobs：Employment，skills and workforce strategy for the fourth industrial revolution". Available at：http：//www3. weforum. org/docs/WEF_ Future_ of_ Jobs. pdf ［Accessed：20－september－2020］.

第 2 章

［49］ AA. VV. *Converging Technologies. Shaping the Future of European Society*，Report from High Level Expert Group of Foresighting the New Technology Wave，Directorate－General for Research，

European Commission, 2005.

[50] AA. VV. "Industry 4.0: building the digital enterprise. 2016 Global Industry 4.0 Survey". Pricewaterhouse Coopers. Available at: https://www.pwc.com/gx/en/industries/industries-4.0/landing-page/industry-4.0-building-your-digital-enterprise-april-2016.pdf, 2016.

[51] Baker, D. *The Schooled Society*. Stanford: Stanford University Press, 2014.

[52] Banerjee, B. , Ceri, S. (Eds. 2016), *Creating Innovation Leaders. A Global Perspective*. Springer International Publishing.

[53] Bergdoll, B. , Dickerman, L. *Bauhaus*: 1919 – 1933: *Workshops for Modernity*. New York: D. A. P. /The Museum of Modern Art, 2017.

[54] Bertola, P. , Manzini, E. *Design Multiverso. Appunti di Fenomenologia del Design*. Milano: Edizioni Poli. design, 2004.

[55] Bertola, P. , Teunissen, J. "Fashion 4.0. Innovating fashion industry through digital transformation", *Research Journal of Textile and Apparel*, 22 (4): 352–369, 2018.

[56] Birtchnell, T. , Urry, J. *A new industrial future?: 3D printing and the reconfiguring of production, distribution, and consumption*. London: Routledge, 2016.

[57] BMBF. "Zukunftsprojekt Industrie 4.0 – BMBF". Bmbf. de. Available at: https://www.bmbf.de/de/zukunftsprojekt-industrie-4-0-848.html.

[58] Bostrom, N. *Superintelligence: Paths, Dangers, Strategies*. Oxford Press, 2014.

[59] Bradbury, D., et al. *Essential Modernism: Design between the World Wars*. New Haven: Yale University Press, 2018.

[60] Buckley, C. *References to the Past: The Role of Heritage and Cultural Values in Fashion Branding, Fashion & Luxury: Between Heritage & Innovation: The* 13th *Annual Conference for the International Foundation of Fashion Technology Institutes*, Institut Français de la Mode, Paris, France, 11-16 April 2011, Institut Français de la Mode, Paris, 2011.

[61] CB Insights, on-line Unicorn Report. Available at: https://www.cbinsights.com/research - unicorn - companies [Accessed: 01-12-2020].

[62] Chesbrough, H. W. *Open Innovation, The new imperative for creating and profiting from technology*. Boston: Harvard Business Press, 2003.

[63] Cohen, H. F. *The Scientific Revolution: A Historiographical Inquiry*. Chicago: University of Chicago Press, 1994.

[64] Cross, N. *Design Thinking*. New York: Berg, 2011.

[65] Cumming, E., Kaplan, W. *The Arts and Crafts Movement*. London: Thames and Hudson, 1991.

[66] De Fusco, R. *Storia del design* (History of Design). Bari: Laterza, 2002.

[67] Detti, T., Gozzini, G. *La Rivoluzione industriale tra l'Europa e il mondo*. Milano: Mondadori, 2009.

［68］ Fletcher, K. *Sustainable Fashion and Textiles： Design Journeys*. Earthscan, 2008.

［69］ Fletcher, K. , Tham, M. *Routledge Handbook of Sustainability and Fashion*. Routledge, 2015.

［70］ Forgács, E. *The Bauhaus Idea and Bauhaus Politics*. Budapest, CEUP Collection, 1995.

［71］ Frank, D. , Gabler, J. *Reconstructing the University： Worldwide Shifts in Academia in the 20th Century*. Stanford： Stanford University Press, 2006.

［72］ Frey, C. B. , Osborne, M. A. *Technology at Work – The Future of Innovation and Employment*. Available at： https： //www. oxfordmartin. ox. ac. uk/downloads/reports/Citi_GPS_Technology_ Work. pdf ［Accessed： 01-december-2020］ .

［73］ Frey, C. B. , Osborne, M. A. *The Future of employment： How susceptible are jobs to computerization?* . Available at： https： //www. oxfordmartin. ox. ac. uk/downloads/academic/The_ Future _ of _ Employment. pdf ［Accessed： 01-december-2020］ .

［74］ Galimberti, F. *Economia e pazzia. Crisi finanziarie di ieri e di oggi*. Bari： Laterza, 2002.

［75］ Gallimore, E. *A History of the Textile Industry*. Longman Publishing Group, 1993.

［76］ Gallino, L. *Finanzcapitalismo. La civiltà del denaro in crisi*. Torino; Einaudi, 2011.

［77］ Gilchrist, A. *Industry 4. 0： The industrial internet of things*. Apress, 2016.

［78］Harari，Y. N. *Homo Deus. Breve storia del futuro.* Milano：Bompiani，2017.

［79］Hermann，M. ，Pentek，T. ，Otto B. "Design Principles for Industrie 4. 0 Scenarios"，in 49th Hawaii International Conference on System Sciences Proceedings（*HICSS*），Koloa，HI，2016：3928-3937.

［80］Heskett，J. *Industrial Design.* Oxford：Oxford University Press，1980.

［81］Huston，L. ，Sakkab，N. "Connect and Develop：Inside Procter & Gamble's New Model for Innovation"，*Harvard Business Review*，58-66，March 2006，Cambridge：Harvard Business Press，2006.

［82］Maldonado，T. *Disegno Industriale un riesame.* Milano：Feltrinelli，1976.

［83］McKinsey Report. *State of fashion* 2019. Arailable at：https：// www. mckinsey. com/ ~ / media/ McKinsey/ Industries/ Retail/ Our%20Insights/ The% 20State% 20of% 20Fashion% 202019% 20A% 20year% 20of%20awakening/ The - State - of - Fashion - 2019 - final. ashx ［Accessed：01-december-2020］．

［84］Morozov，E. *Silicon Valley. I signori del silicio.* Milano：Codice Edizioni，2016.

［85］Penati，A. *Mappe dell' innovazione.* Milano：Etas，1999.

［86］Pine，B. J. *Mass Customization：The New Frontier in Business Competition.* Boston：Harvard Business School Press，1993.

［87］Piketty，T. *Il Capitale del XXI secolo.* Milano：Bompiani，2016.

[88] Rejcek，P. "Will AI Be Fashion Forward-or a Fashion Flop?"，*Sigularity Hub*，Sept. 15，2019. Available at: https: // singularityhub. com/2019/09/15/will-ai-be-fashion-forward-or-a-fashion-flop/ [Accessed: 01-december-2020].

[89] Roco，M. C. *Handbook of Science and Technology Convergence.* New York: Springer，2016.

[90] Roco，M. C. ，Bainbridge，W. S. *Converging Technologies for Improving Human Performance. Nanotechnology，Biotechnology，Information Technology and Cognitive Sciences.* Dordrecht: Kluwer Academic Publisher，2003.

[91] Russell S. *Human Compatible: Artificial Intelligence and the Problem of Control.* New York: Penguin，2019.

[92] Schön，D. *The Reflective Practitioner.* London. Temple Smith，1983.

[93] Spitz，R. *The View behind the Foreground. The Political History of the Ulm School of Design*，1953-1968. Stuttgart-London: Edition Axel Menges，2002.

[94] Swab，K. *La quarta rivoluzione industriale.* Milano: Franco Angeli，2016.

[95] Takayasu，K. "Criticism of the Bauhaus Concept in the Ulm School of Design"，in *the Second Asian Conference of Design History and Theory-Design Education beyond Boundaries*，ACDHT 2017 TOKYO 1-2 September 2017，Tokyo: Tsuda University，2017.

[96] Ustundag，A. ，Cevikcan，E. *Industry* 4. 0: *Managing*

The Digital Transformation. London: Springer, 2017.

[97] Verganti, R. *Design-Driven Innovation.* Boston: Harvard Business School Press, 2009.

[98] Verganti, R. "Innovating Through Design", *Harvard Business Review*, 84 (12): 114-122, 2006.

[99] Wong, S. Y. "The Evolution of Social Science Instruction, 1900-1986: A Cross-National Study", *Sociology of Education*, 64 (1): 33-47, 1991.

第3章

[100] Bertola, P. "Reshaping Fashion Education for the 21st Century World", in *Soft Landing* (Eds. Nim-kulrat N., Raebild U., Piper A.), Helsinki/Finland: Aalto University School of Arts, 7-13, 2018.

[101] Bertola, P., Mortati, M., Taverna, A. "Developing new models and educational approaches supporting digital entrepreneurship within cultural and creative industries (CCIs)". Edulearn19-11th International Conference on Education and New Learning Technologies, July 1st - 3rd, 2019 - Palma, Mallorca, Spain, 2019.

[102] Bertola, P., Vandi, A. "Exploring Innovative Approaches to Fashion Education Through a Multidisciplinary Context for New Professional Profiles", in *Inted* 2020 - 14th *International Technology*, *Education and Development Conference*, March 2nd - 4th, 2020-Valencia, Spain, 4813-4818, 2020.

［103］ CB Insights. "The Future of Fashion: From Design to Merchandising, How Tech is Reshaping the Industry". CB Insights, 13 – 42. Available at: https://www.cbinsights.com/research/fashion-techfuture-trends/ ［Accessed: 20-october-2020］.

［104］ European Commission. "A new skills agenda for Europe – Working together to strengthen human capital, employability and competitiveness". Available at: https://ec.europa.eu/transparency/regdoc/rep/1/2016/EN/1 – 2016 – 381 – EN – F1 – 1. PDF ［Accessed: 20-october-2020］.

［105］ European Commission. Call for proposal-Connect/2017/3346110 Modules for Master Degrees in art and Science ［Internet］. Available at: https://ec.europa.eu/digitalsinglemar-ket/en/news/call-proposals-modules-master-degrees-arts-and-science ［Accessed: 20-october-2020］.

［106］ European Commission, "A New European Agenda for Culture". ［online］ Brussels: European Commission, 1 – 10. Available at: https://ec.europa.eu/culture/document/new-european-agenda-culture-swd2018-267-final ［Accessed: 20-october-2020］.

［107］ European Parliament Council. "On the establishment of the European Qualifications Framework for lifelong learning. *Official Journal of the European Union*, *Recommendation of The Eu-ropean Parliament and of the Council of 23 April* 2008". Available at: https://eur – lex.europa.eu/LexUriServ/LexUriServ.do? uri = OJ: C: 2008: 111: 0001: 0007: EN: PDF ［Accessed: 20-october-2020］.

［108］ European Commission. "Council Recommendation of 22

May 2018 on key competences for lifelong learning. Official Journal of The European Union". Available at: https://eur-lex. europa. eu/legal-content/EN/TXT/PDF/? uri=CELEX:32018H0604 (01) &rid=7 [Accessed: 20-october-2020].

[109] European Commission. "Unlocking the potential of cultural and creative industries. Green Paper". Available at: https://op. europa. eu/en/publication-detail/-/publication/1cb6f484-074b-4913-87b3-344ccf020eef/language-en [Accessed: 20-october-2020].

[110] European Commission. Shaping Europe's Digital Future. Available at: https://ec. europa. eu/info/strategy/priorities-2019-2024/europe-fit-digital-age/shaping-europe-digital-future_en# three-pillars-to-support-our-approach [Accessed: 20-october-2020].

[111] Gonzalo, A., Harreis, H., Sanchez Altable, C., Villepelet, C. Fashion's digital transformation: Now or never. McKinsey & Co., May 6th, 2020. Available at: https://www. mckinsey. com/industries/retail/our-insights/fashions-digital-transformation-now-or-never [Accessed: 20-october-2020].

[112] JRC. "EntreComp: The Entrepreneurship Competence Framework". Available at: https://ec. europa. eu/jrc/en/publication/eur-scientific-and-technical-research-reports/entrecom-pentrepreneurshipcompe-tence-framework [Accessed: 20-october-2020].

[113] JRC. "DigComp 2.1: The Digital Competence Frame-

work for Citizens with eight proficiency levels and examples of use". Available at: https://ec. europa. eu/jrc/en/publication/eur-scientific-and-technicalresearch-reports/digcomp-21-digital-competence-framework-citizens-eight-proficiency-levels-andexamples-use [Accessed: 20-october-2020].

[114] Mortati, M., Bertola, P. (2020). "Undisciplined knowledge in the digital age", *DIID*, 70 (4): 142-149.

第4章

[115] McAuley, A., Stewart, B., Siemens, G., Cormier, D. "The MOOC model for digital practice". Available at: https://www. oerknowledgecloud. org/archive/MOOC _ Final. pdf [Accessed: 20-november-2020].

[116] Mortati, M., Bertola, P., Taverna, A. "Can technologies transform design education? The DigiMooD experimentation", in *ICERI*2019-12*th International Conference of Education, Research and Innovation*, IATED Academy, 3329-3338, 2019.

[117] Goodman, J., Melkers, J., Pallais, A. "Can online delivery increase access to education?". *Journal of Labor Economics*, 37 (1): 1-34, 2019.

[118] Reich, J., Ruipérez-Valiente, J. A. "The MOOC pivot". *Science*, 363 (6423): 130-131, 2019.

[119] Sancassani, S., Brambilla, F., Casiraghi, D., Marenghi, P. *Progettare l'innovazione didattica*. London: Pearson, 2019.

第 6 章

[120] Daub, M., Kouba, R., Smaje, K., Wiesinger, A. "How companies can win in the seven tech-talent battlegrounds". Available at: https://www.mckinsey.com/business-functions [Accessed: 28-october-2020].

[121] Davenport, T. H., Prusak, L. *Working knowledge: How organizations manage what they know.* Harvard Business Press, 1998.

[122] Martínez-Villagrasa, B. Creative Competencies in Design Fields, *Observatory of Educational Innovation.* Available at: https://observatory.tec.mx/edu-bits-2/creative-competencies-in-design-fields [Accessed: 28-october-2020].

[123] Mortati, M., Bertola, P. "Undisciplined knowledge in the digital age". *DIID*, 70 (4): 142-149, 2020.

第 7 章

[124] Appadurai, A. *Modernity at Large: Cultural Dimensions of Globalization.* University of Minnesota, 1996.

[125] Baczko, B. *L' utopia.* Torino: Einaudi, 1978.

[126] Banerjee, B., Ceri, S. (Eds.). *Creating innovation leaders: A global perspective.* New York: Springer International Publishing, 2016.

[127] Barone, P, Barbati, C. V. "I nuovi media come dispositivi semiotecnici. Uno sguardo pedagogico", *MeTis, Mondi edu-*

cativi. Temi, *indagini*, *suggestioni*, 10（1）: 104-120, 2020.

［128］Bauman, Z. *Liquid Modernity*. Cambridge: Polity Press, 2000.

［129］Bergson, H. L. *Le rire. Essai sur la signification du comique*. Paris: Librairie Félix Alcan, 1900.

［130］Bertola, P. "Reshaping Fashion Education for the 21st Century World", in AA. VV. , *Cumulus Think Tank*, Publication N°3 of Cumulus International Association of Universities and Colleges in Art, Design and Media, Ed. Aalto University School of Arts, Design and Architecture, Helsinki, Finland, 2018.

［131］Bertola, P. , Ceri, S. , Vacca, F. "Global challenges and education: A changing taxonomy", in Vacca, F. , Warshavski, T. （Eds. ）, *Interdisciplinary research and education agenda: A design driven perspective*. Firenze: Mandragora, 2016.

［132］Bertola, P. , Teunissen, J. "Fashion 4. 0. Innovating fashion industry through digital transformation", *Research Journal of Textile and Apparel*, 22（4）: 352-369, 2018.

［133］Bocchi, G. Leadership e Complessità, *Quaderni di Management*, 54, 2011.

［134］Brandon, B. "Applying instructional systems processes to constructivist learning environments", *The e - Learning Developers' Journal*. Available at: http: //www. elearningguild. com/pdf/ 2/062904DES. pdf ［Accessed: 20-november-2020］.

［135］Brown, V. A. , Harris, J. A. , Russell, J. Y. （Eds. ）. *Tackling wicked problems through the transdisciplinary imagination.*

Earthscan, 2010.

[136] Chesbrough, H. *Open Innovation: The New Imperative for Creating and Profiting from Technology.* Harvard Business School Press, 2003.

[137] Colombo, F., Ottieri, M. P., *Il tempo di Adriano Olivetti.* Fondazione Adriano Olivetti, Edizioni di Comunità, 2019.

[138] De Lamartine, A. *Trois mois au pouvoir.* Michel Levy, 1848.

[139] Deleuze, G., Guattari, F. *Mille Plateaux−Capitalisme et Schizophrénie.* Parigi: Les Éditions de Minuit. Trad. it. *Mille piani−Capitalismo e schizofrenia,* Roma (1987), 1980.

[140] Etzkowitz, H., Leydesdorff, L. "The dynamics of innovation: from National Systems and 'Mode 2' to a Triple Helix of university−industry−government relations". *Research Policy,* 29 (2): 109−123, 2000.

[141] Evenson, S. *Theory and Research in Graphic Design. Design Studies.* New York: Princeton Architectural Press, 2006.

[142] Ferrari, A., Cachia, R., Punie, Y. "Literature review on Innovation and Creativity in E&T in the EU Member States", *Innovation and Creativity in Education and Training in the EU Member States: Fostering Creative Learning and Supporting Innovative Teaching.* Available at http://www.jrc.ec.eu − ropa.eu/ [Accessed: 20−november−2020].

[143] Fiorani, E. *I panorami del contemporaneo.* Milano: Ed. Lupetti, 2005.

［144］ Foucault M. *Sorvegliare e punire. Nascita della prigione.* Torino：Einaudi，1976.

［145］ Gallino，L. *Progresso tecnologico ed evoluzione orga-nizzativa negli stabilimenti Olivetti*，1946－1959：*Ricerca sui fattori interni di espansione di un' impresa.* A. Giuffrè，1960.

［146］ Gallino，L. "Aspetti dell" evoluzione organizzativa negli stabilimenti Olivetti（1946－1959），in *Centro Nazionale di Prevenzione e di Difesa Sociale*，*Il progresso tecnologico e la societài-taliana. Trasformazioni nell' organizzazione aziendale in funzione del progresso tecnologico* 1945－1960. Bologna：il Mulino，1961.

［147］ Gallino，L. *Indagini di sociologia economica e industria-le.* Roma：Edizioni di Comunità，1972.

［148］ Hassenzahl，M. *Experience Design：Technology for All the Right Reasons—Synthesis Lectures on Human—Centered Informatics.* Morgan and Claypool Publishers，2010.

［149］ Karabulut－Ilgu，A. ，Jaramillo Cherrez，N. ，Jahren，C. T. "A systematic review of research on the flipped learning method in engineering education"，*British Journal of Educational Technolo-gy*，49（3），398－411. Available at：http：//onlinelibrary. wiley. com/doi/10. 1111/bjet. 12548/pdf.

［150］ Maffesoli，M. *Del nomadismo. Per una sociologia dell' erranza*（Vol. 4）. Milano：FrancoAngeli，2000.

［151］ Manzini E. ，"Il design in un mondo fluido"，in Manzi-ni E. ，Bertola P. （Eds. ），*Design Multiverso.* Milano：POLI. de-sign，17－24，2004.

[152] Meroni, A. , Sangiorgi, D. *Design for services*. Gower Publishing, Ltd. , 2011.

[153] Merz, M. A. , He, Y. , Vargo, S. L. "The evolving brand logic: A service-dominant logic perspective". *Journal of the Academy of Marketing Science*, 37 (3): 328-344, 2009.

[154] Morin, E. Introduzione al pensiero complesso Gli strumenti per affrontare la sfida della complessità, trad. it. a cura di M. Corbani. Milano: Sperling & Kupfer, 1993.

[155] Nicolescu, B. "A new vision of the world: Transdisciplinarity", in *the Design and Delivery of Inter-and Pluri-disciplinary Research: Proceedings from MUSCIPOLI Workshop Two*, 108 - 111, 2002.

[156] Pacuit, E. , Parikh, R. "The logic of communication graphs", in *International Workshop on Declarative Agent Languages and Technologies*, Berlin: Heidelberg Springer, 256-269, 2004.

[157] Raijmakers, B. , Van Dijk, G. , Lee, Y. , Williams, S. A. "Designing empathic conversations for inclusive design facilitation", *Session 4A - Designing with People: Achieving Cohesion*, 316, 2009.

[158] Reichert, S. "The role of universities in regional innovation ecosystems". *EUA Study*. Brussels: European University Association (EUA), 2019.

[159] Romano, R. G. , *Ciclo di vita e postmodernità tra fluidità e confusion*. Milano: Franco Angeli, 2004.

[160] Santos, A. , Punie, Y. *Opening up education: A sup-*

port framework for higher education institutions (No. JRC101436). Joint Research Centre (Seville site). Available at: http: //publications. jrc. ec. eu − ropa. eu/repository/bitstream/JRC101436/jrc101436. pdf [Accessed: 20−november−2020] .

[161] Serres, M. *The Parasite.* Baltimore, MD: Johns Hopkins University Press, 1980.

[162] Serres, M. *Geometry: The third book of foundations.* Bloomsbury Publishing, 2017.

[163] Serres, M. *Hermès V. Le passage du Nord−ouest.* Minuit, 2020.

[164] Ubell, R. *Going online: Perspectives on digital learning.* Taylor & Francis, 2016.

[165] Urry, J. *Sociology beyond societies: Mobilities for the twenty−first century.* Routledge, 2012.

[166] Verganti, R. "Design as brokering of languages: Innovation strategies in Italian firms", *Design Management Journal*, 14 (3): 34−42, 2003.

作者简介

保拉·贝托拉（Paola Bertola）

设计博士，米兰理工大学设计系全职教授，负责协调设计学博士课程。她是过程中的时尚（FIP）研究团体的联合创始人，也是米兰理工大学设计学院的教员，她在那里教授时尚设计学士学位课程和产品服务系统设计硕士学位课程。她的研究重点是"文化密集型"行业中的设计研究、创意流程、设计管理和品牌推广。她出版过多本国际专著，也是意大利和外国机构和公司的教学研究活动顾问，她在 2001 年和 2011 年两次获得金罗盘设计奖。

丹尼尔·克卢蒂尔（Danièle Clutier）

作为法国时尚学院和其他机构的时尚营销讲师，Danièle 的专业知识范围涵盖消费者行为、战略营销、创新战略和竞争力政策。

作为 R3iLab 创新网络的秘书长，她定期与法国工业部合作，筹划和执行各种集体倡议，通过获取最新的设计和技术能力，帮助创意产业提高其在全球舞台上的竞争力水平。

Danièle 还代表欧盟委员会开展战略研究，主要关注时尚创新、可持续以及与中小企业相关的问题和挑战。

作为欧洲工商管理学院工商管理硕士（MBA）的校友，自从最初加入 Chargeurs Group 担任国际营销总监以来，她的职业生涯初期阶段一直专注于纺织和其他创意产业，后来她在罗斯曼国际负责市场信息。随后，她成立了一个又一个 IFM 的市场研究和咨询部门。

玛齐亚·莫塔蒂（Marzia Mortati）

Marzia Mortati 博士是米兰理工大学设计系设计创新和服务设计方向的助理教授。她在 POLIMI（一个由欧洲 7 所设计学校组成的网络）协调 MEDes，并且是欧洲设计学院的执行董事之一——欧洲设计学院是一个由 3000 多名设计研究人员组成的分布在五大洲和 35 个国家的网络体系。她的研究方向包括设计与创新、政策设计和设计政策之间的关系，以及人工智能在公共服务中的作用。她曾担任多个欧盟共同资助项目（即欧洲政策设计中的深度设计和欧洲设计）和其他国家计划（即 Inclu-di. Mi，与米兰市政府合作加强当地社会经济）的项目经理。自 2007 年以来，她主要与国际和多元文化团体合作，教授设计创新、战略和服务设计，并访问过多所国际学校（例如巴西、墨西哥、葡萄牙、法国、瑞典、英国）。自 2008 年以来，她撰写了多部专著并且在国际科学期刊和会议上发表多篇文章。

瓦莱里娅·伊安尼利（Valeria Iannilli）

米兰理工大学设计系的建筑师和副教授，她是"设计与创新文化"研究小组的成员，同时她也是米兰理工大学设计学院时尚设计课程（学士和硕士）的主席，米兰理工大学设计系设计研究实验室 FIP（Fashion in Process）的联合创始人。她的研究兴趣涉及对商业零售设计过程作为公司身份的表达，以促进与用户社区的积极对话。她是"文化密集型"产业的文化交流在商业零售设计和过程叙事管理方面的专家，为国家和国际机构开发了教学和研究项目，著有国际出版物并担任意大利和他国机构及公司教学和研究活动的顾问。

苏珊娜·桑卡萨尼（Susanna Sancassani）

Susanna Sancassani 是米兰理工大学致力于教学创新的工作组 METID 的负责人。她现在是米兰理工大学博士学院"教学方法、策略和风格"课程的讲师，同时也是"多媒体设计""数字服务设计"和"机器学习课程的设计与开发"的教师。她是 SieL（意大利在线学习科学协会）科学委员会的成员。与米兰理工大学的其他同事合作出版了《设计教学创新》（米兰，Pearson，2019）、《数字技术》（米兰，Apogeo，2003）、《塔塔鲁加之旅》（米兰，Apogeo，2004）和《电子协作：网络的意义》（米兰，Apogeo，2011）等多部著作。

安德里亚·塔维纳（Andrea Taverna）

米兰理工大学服务设计专业博士生，曾担任 CCIs 欧洲项目 DigiMooD 的研究员。在他的大学生涯中，他参加了多个学术项目：MEDes 项目使他在科隆国际设计学院和阿威罗大学优生计划各学习一年，这是米兰理工大学和都灵理工大学的双学位，使他形成了跨学科的创新态度；参加了斯坦福大学全球创新设计联盟（SUGAR）——一项为期一年的设计思维计划，他与摩德纳大学和慕尼黑工业大学合作来创新公司。

他的研究课题是服务设计教育特色，旨在调查服务设计培训的新兴现象，并探索新的教育模式如何影响设计教育。

安吉莉卡·万迪（Angelica Vandi）

时尚系统设计博士生和设计硕士，目前正在跟踪CCIs欧洲项目的DigiMooD开发。

大学期间，她参加了费城杰弗逊大学的设计管理联合项目。

她的研究旨在将数据分析和网络科学应用于时尚设计，提高整个价值链的清晰度和精准沟通。